高等学校计算机教育"十三五"规划教材

计算机网络及光纤通信实验教程

杨 艺 晏 力 主 编

杨 莉 谢 川 副主编

中国铁道出版社

CHINA RAILWAY PUBLISHING HOUSE

内 容 简 介

本书是与"计算机网络"及"光纤通信技术"课程配套的实验教程，是编者多年从事以上课程教学工作所积累经验的分享。

全书由五章构成，前四章详细介绍计算机网络中双绞线的制作和网络基本设置、交换机和路由器、Windows Server 2003 基本网络配置、eNSP 仿真实验；第五章主要介绍光纤通信 SDH 技术应用等几方面。本书既有真实实验环境下的实验内容，也有用仿真软件模拟的实验。

本书在内容编排上层次清晰，内容全面，由浅入深，由点到面，适合作为高等院校相关专业学生的实验指导书，也可作为从事计算机网络及光纤通信工作的技术人员的实用参考书。

图书在版编目（CIP）数据

计算机网络及光纤通信实验教程/杨艺，晏力主编. —北京：
中国铁道出版社，2018.6
高等学校计算机教育"十三五"规划教材
ISBN 978-7-113-24354-8

Ⅰ.①计… Ⅱ.①杨… ②晏… Ⅲ.①计算机网络-实验-高等
学校-教材②光纤通信-实验-高等学校-教材 Ⅳ.①TP393-33
②TN929.11-33

中国版本图书馆 CIP 数据核字（2018）第 121575 号

书　　名：计算机网络及光纤通信实验教程
作　　者：杨 艺 晏 力 主编

策　　划：祁 云　　　　　　　　　　读者热线：（010）63550836
责任编辑：祁 云　绳 超
封面设计：付 巍
封面制作：刘 颖
责任校对：张玉华
责任印制：郭向伟

出版发行：中国铁道出版社（100054，北京市西城区右安门西街 8 号）
网　　址：http://www.tdpress.com/51eds/
印　　刷：中国铁道出版社印刷厂
版　　次：2018 年 6 月第 1 版　　2018 年 6 月第 1 次印刷
开　　本：787 mm×1 092 mm　1/16　印张：12　字数：297 千
书　　号：ISBN 978-7-113-24354-8
定　　价：36.00 元

随着计算机技术和通信技术的迅速发展和相互渗透，计算机网络已进入社会的每一个领域，迫切需要大量掌握计算机网络系统规划、设计、建设和运行维护的技术人员。

"计算机网络"及"光纤通信技术"课程都是实践性很强的课程，这些课程使学生能够在学习计算机网络及光纤通信的基本概念、基本原理、网络组成、网络功能的同时，通过具体的实验加深对基本原理、组成及功能的理解，掌握一些基本命令、配置方法和调试的基本技能，学会运用理论知识正确分析实验中所遇到的各种现象，正确整理、分析实验结果和数据，提高分析问题和解决问题的能力。

编者在本科院校工作多年，一直担任"计算机网络"及"光纤通信技术"课程及其实验课程的教学工作。为了规范实验内容，严格实验训练，达到实验教学目的，编者多年来一直对实验教学进行钻研，力求使实验教学能够配合理论教学，既能加深学生对所学知识的理解，又能培养和提高学生的实际操作技能以及知识的综合运用能力。

本书可作为"计算机网络"及"光纤通信技术"课程的实验配套教程。全书由五章构成。第一章主要介绍双绞线的制作和网络基本设置，安排了 3 个实验；第二章主要介绍交换机和路由器，安排了 7 个实验；第三章主要介绍 Windows Server 2003 基本网络配置，安排了 3 个实验；第四章主要介绍 eNSP 仿真实验，安排了 8 个实验；第五章主要介绍光纤通信 SDH 技术，安排了 6 个实验。全书共设计了 27 个实验，涵盖了网络原理、应用组网技术、网络管理及光纤 SDH 技术应用等几方面。每个实验内容相对独立，均给出了实验目的、实验设备、实验内容、实验原理等，这样可以让学生在实验前有针对性地理解实验的本质思想，从而不至于在做了实验后都不知所以然。每个实验后还配有相关思考题。附录 A 给出了实验报告模板，附录 B 给出了实验课程教案模板，具有可读性、可操作性和实用性强的特点，特别适合于实验课课堂教学。由于各个院校、各个专业实验课程内容设计、课时要求及实验设备和条件不尽相同，使用本书的院校可从实际出发，自行筛选使用。

本书由杨艺、晏力任主编，杨莉、谢川任副主编。其中，第一至三章由杨艺、谢川编写，第四章由杨莉编写，第五章由晏力编写。在此特别感谢重庆工商大学 2015 级物联网班袁园同学对本书内容的校核。

由于编者水平有限，加之编写时间紧迫，书中难免存在一些不足和缺陷，恳请专家们和广大读者不吝批评指正。

编者的电子邮箱地址是 313137478@qq.com，读者对本书实验项目设置及编写内容有任何意见及建议，请与编者联系。

编 者

2018 年 3 月

第一章　双绞线的制作和网络基本设置

实验 一

双绞线的制作

一、实验目的

（1）了解双绞线布线标准。

（2）掌握使用五类双绞线作为传输介质的制作方法。

（3）掌握交叉线和平行线的制作方法。

（4）学会网络电缆测试仪的使用方法。

二、实验设备

（1）五类或超五类双绞线两条。

（2）RJ-45 连接器（水晶头）几个。

（3）压线钳一把。

（4）网络电缆测试仪一台。

三、实验内容

（1）制作用于连接对等设备的交叉线一条。

（2）制作用于连接计算机和交换机的平行线一条。

四、实验原理

1. 认识双绞线

1）概述

　　双绞线是综合布线工程中最常用的一种传输介质，由两个具有绝缘保护层的铜导线相互缠绕而成。把两根绝缘的铜导线按照一定密度互相绞在一起，可降低信号干扰的程度：一根导线在传输过程中辐射的电波会被另一根导线上发出的电波抵消。把一对或多对双绞线放在一个绝缘套管中便形成了双绞线电缆，如图 1-1 所示。在一个电缆套

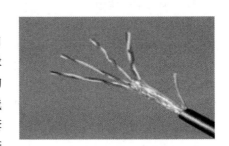

图 1-1　双绞线电缆

管里的，不同线对具有不同的扭绞长度，一般地说，扭绞长度为 38.1～140 mm，按逆时针方向扭绞，相邻线对的扭绞长度在 12.7 mm 以内。与其他传输介质相比，双绞线在传输距离、信道宽度和数据传输速率方面均受到一定限制，但价格便宜。

虽然双绞线主要是用来传输模拟声音信息的，但同样用于数字信号的传输，特别适用于较短距离的信息传输。在传输期间，信号的衰减比较大，并且产生波形畸变。采用双绞线的局域网的带宽取决于所用导线的质量、长度及传输技术。只要精心选择和安装双绞线，就可以在有限的距离内达到几百万比特每秒的传输速率。

2）分类

（1）按照有无屏蔽层分类：根据有无屏蔽层，双绞线分为屏蔽双绞线（shielded twisted pair，STP）与非屏蔽双绞线（unshielded twisted pair，UTP）。

屏蔽双绞线在双绞线与外层绝缘封套之间有一个金属屏蔽层。金属屏蔽层可减少辐射，防止信息被窃听，也可阻止外部电磁干扰的进入，使屏蔽双绞线比同类的非屏蔽双绞线具有更高的传输速率。

非屏蔽双绞线是一种数据传输线，由四对不同颜色的传输线所组成，广泛用于以太网和电话线中。非屏蔽双绞线电缆具有以下优点：

① 无屏蔽外套，直径小，节省所占用的空间，成本低；

② 质量小，易弯曲，易安装；

③ 将串扰减至最小或加以消除；

④ 具有阻燃性；

⑤ 具有独立性和灵活性，适用于结构化综合布线。因此，在综合布线系统中，非屏蔽双绞线得到广泛应用。

（2）按照频率和信噪比进行分类：双绞线分为从 CAT1 的一类线到 CAT7 的七类线，前者线径细而后者线径粗，现今常用的类型主要有五类线、超五类线、六类线、超六类线和七类线。

① 五类线（CAT5）：该类电缆增加了绕线密度，外套一种高质量的绝缘材料，线缆最高频率带宽为 100 MHz，最高传输速率为 100 Mbit/s，用于语音传输和最高传输速率为 100 Mbit/s 的数据传输，主要用于 100 BASE-T 和 1000 BASE-T 网络，理论上最大网段长为 100 m，采用 RJ 形式的连接器，这是最常用的以太网电缆。在双绞线电缆内，不同线对具有不同的绞距长度。通常，四对双绞线绞距周期在 38.1 mm 长度内，按逆时针方向扭绞；一对线对的扭绞长度在 12.7 mm 以内。

② 超五类线（CAT5e）：超五类具有衰减小、串扰少，并且具有更高的衰减与串扰的比值（ACR）和信噪比（SNR）、更小的时延误差，性能得到很大提高。超五类线主要用于千兆位以太网（1 000 Mbit/s）。

③ 六类线（CAT6）：该类电缆的传输频率为 1～250 MHz，六类线的传输性能远远高于超五类标准，最适用于传输速率高于 1 Gbit/s 的应用。六类与超五类的一个重要的不同点在于：改善了在串扰以及回波损耗方面的性能，对于新一代全双工的高速网络应用而言，优良的回波损耗性能是极重要的。六类标准中取消了基本链路模型，布线标准采用星形的拓扑结构，要求的布线距离为：永久链路的长度不能超过 90 m，信道长度不能超过 100 m。

④ 超六类线（CAT6A）：此类产品传输带宽介于六类和七类之间，传输频率为 500 MHz，传

输速率可达 10 Gbit/s，标准外径为 6 mm。

⑤ 七类线（CAT7）：传输频率为 600 MHz，传输速率可达 10 Gbit/s，单线标准外径为 8 mm，多芯线标准外径为 6 mm。

类型数字越大，版本越新、技术越先进、带宽越宽，当然价格也越贵。这些不同类型的双绞线标注方法是这样规定的：如果是标准类型则按 CATx 方式标注，如常用的五类线和六类线，则在线的外皮上标注为 CAT5、CAT6；而如果是改进版，就按 xe 方式标注，如超五类线就标注为 5e（字母是小写，而不是大写）。

无论是哪一种线，衰减都随频率的升高而增大。在设计布线时，要考虑到受到衰减的信号还应当有足够大的振幅，以便在有噪声干扰的条件下能够在接收端正确地被检测出来。双绞线能够传送多高速率（Mbit/s）的数据还与数字信号的编码方法有很大的关系。

3）五类双绞线的线对数

随着快速以太网标准的推出和实施，五类双绞线已经广泛地应用于网络布线系统。以太网在使用双绞线作为传输介质时只需要两对（四芯）线就可以完成信号的发送和接收。在使用双绞线作为传输介质的快速以太网中存在三个标准：100Base-TX、100Base-T2 和 100Base-T4。其中，100Base-T4 标准要求使用全部的四对线进行信号传输，另外两个标准只要求两对线。在快速以太网中最普及的是 100Base-TX 标准，因此在购买 100 Mbit/s 网络中使用双绞线时，最好不要使用只有两个线对的双绞线。在千兆位以太网中更是要求使用全部的四对线进行通信。因此，标准五类双绞线缆中应该有四对线。

2．网线的制作

1）国际标准

双绞线的制作有两种国际标准（见表 1-1），分别是 EIA/TIA568A 和 EIA/TIA568B。下面介绍它们的连接方式。

表 1-1 制作双绞线的两种国际标准

EIA/TIA568A			EIA/TIA568B		
引脚顺序	介质直接连接信号	双绞线绕对的排列顺序	引脚顺序	介质直接连接信号	双绞线绕对的排列顺序
1	TX+（发送）	白绿	1	TX+（发送）	白橙
2	TX-（发送）	绿	2	TX-（发送）	橙
3	RX+（接收）	白橙	3	RX+（接收）	白绿
4	没有使用	蓝	4	没有使用	蓝
5	没有使用	白蓝	5	没有使用	白蓝
6	RX-（接收）	橙	6	RX-（接收）	绿
7	没有使用	白棕	7	没有使用	白棕
8	没有使用	棕	8	没有使用	棕

EIA/TIA568A 和 EIA/TIA568B 对应水晶头的引脚编号如图 1-2 所示。

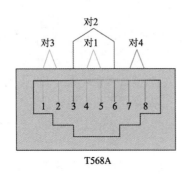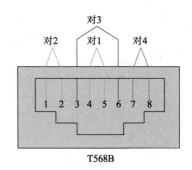

图 1-2　EIA/TIA568A 和 EIA/TIA568B 的管脚编号

实际上，对于标准接法 EIA/TIA568A 和 EIA/TIA568B，二者并没有本质的区别，只是颜色上的区别，用户需要注意的只是在连接两个水晶头时必须保证：1、2 线对是一个绕线对；3、6 线对是一个绕线对；4、5 线对是一个绕线对；7、8 线对是一个绕线对。

2）交叉线和平行线（直通线）

双绞线的两种常用连接方法：交叉连接和平行连接（直通连接）。下面分别介绍这两种连接方法的线缆引脚排序及适用场合。

（1）交叉线。水晶头一端遵循 EIA/TIA568A 标准，另一端遵循 EIA/TIA568B 标准，见表 1-2，即两个水晶头的连线交叉连接，A 端水晶头的 1、2 对应 B 端水晶头的 3、6；而 A 端水晶头的 3、6 对应 B 端水晶头的 1、2。

交叉线适用场合：计算机网卡（终端）与计算机网卡（终端）的连接；交换机普通端口与交换机普通端口的连接。

（2）平行线（直通网线）。水晶头的两端都遵循 EIA/TIA568A 标准或 EIA/TIA568B 标准，见表 1-3，双绞线的每组绕线都是一一对应的。

表 1-2　标准的交叉线缆

A 端水晶头排列顺序	水晶头引脚顺序	B 端水晶头排列顺序
白橙	1	白绿
橙	2	绿
白绿	3	白橙
蓝	4	蓝
白蓝	5	白蓝
绿	6	橙
白棕	7	白棕
棕	8	棕

表 1-3　标准的直通线缆

A 端水晶头排列顺序	水晶头引脚顺序	B 端水晶头排列顺序
白橙	1	白橙
橙	2	橙

A 端水晶头排列顺序	水晶头引脚顺序	B 端水晶头排列顺序
白绿	3	白绿
蓝	4	蓝
白蓝	5	白蓝
绿	6	绿
白棕	7	白棕
棕	8	棕

平行线适用场合：计算机网卡（终端）与交换机普通端口的连接；交换机普通端口与交换机 UPLINK 口的连接。

五、实验过程与步骤

下面分别说明平行线和交叉线的制作过程。

1. 平行线（直通线）的制作

（1）利用剪线钳剪下所需要的双绞线长度。至少 0.6 m，最多不超过 100 m，然后用剥线钳在线的端头剥出 1.5～2.0 cm。（左手持双绞线一端，右手持剥线工具，将双绞线夹在剥线工具刀口上。左手持线不动，右手拨剥线工具旋转三至四圈，松开剥线工具，把剥开部分取下。）有一些双绞线电缆内含有一条柔软的尼龙绳，如果在剥除双绞线外皮时，觉得露出的部分太短，而不利于制作 RJ-45 接头，可以紧握双绞线外皮，再捏住尼龙绳往外皮的下方剥开，这样可以得到较长的裸露线。

（2）将剥出的四对导线分开，比如将裸露的双绞线中的橙色线对拨向自己的前方，棕色线对拨向自己的方向，绿色线对拨向左方，蓝色线对拨向右方。

（3）将绿色线对与蓝色线对放在中间位置，而橙色线对与棕色线对保持不动，即放在靠外的位置。

（4）小心地拨开每一对线。[不必剥开各对线的外皮，在第（6）步用压线钳压接 RJ-45 水晶头时，水晶头的弹簧片能够穿透各对线的外皮，接触上线的铜芯；如果剥掉各对线的外皮，双绞线与 RJ-45 水晶头的接触不够紧密，容易滑落]。遵循 EIA/TIA568A（或 EIA/TIA568B）标准规定的线序排列好八条信号线。正确的线序是：白绿/绿/白橙/蓝/白蓝/橙/白棕/棕（或者白橙/橙/白绿/蓝/白蓝/绿/白棕/棕）。如果按照 EIA/TIA568A 标准做，这里最容易犯错误的地方就是将白橙色线与橙色线相邻放在一起，也就是将橙色线放到第四引脚位置，这样会造成串绕，使传输效率降低。将橙色线放在第六引脚的位置才正确。因为在 100Base-T 中，第三引脚与第六引脚是同一对的。

（5）将裸露出的线用剪刀或斜口钳剪下只剩约 14 mm 的长度（注意：要让八条线齐平，如图 1-3 所示），再将双绞线的每一根线依序放入 RJ-45 水晶头的引脚内，第一引脚内应该放白橙色线，依次类推，如图 1-4 所示。

（6）确定双绞线的每根线已经正确放置后，就可以用压线钳压接 RJ-45 水晶头了，如图 1-5 所示。把双绞线插入 RJ-45 水晶头后，用力握紧压线钳，若力气不够的话，可以使用双手一起压，这样一压的过程使得水晶头凸出在外面的弹簧片引脚全部压入水晶头内，受力之后听到轻微的

"啪"一声即可。如图 1-6 所示，压线之后水晶头凸出在外面的针脚全部压入水晶头内，而且水晶头下部的塑料扣位也压紧在网线的灰色保护层之上。（注意：要确保每一根线与水晶头的弹簧片引脚充分接触。）

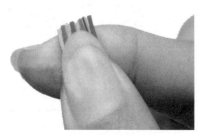

图 1-3　剪平的裸线

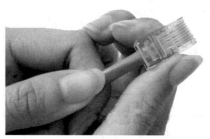

图 1-4　RJ-45 水晶头和双绞线的连接

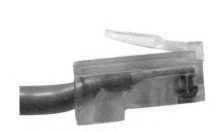

图 1-5　用压线钳压接 RJ-45 水晶头

图 1-6　压接好的 RJ-45 水晶头

（7）按照同样的方法制作另一端 RJ-45 水晶头（必须保证网线两端按照相同的线序标准）。市面上还有一种 RJ-45 水晶头的保护套，可以防止水晶头在拉扯时造成接触不良。使用这种保护套时，需要在压接 RJ-45 水晶头之前就将这种胶套插在双绞线电缆上。

（8）用测试仪测试做好的网线，看看所做的网线是否合格。通用的网络电缆测试仪如图 1-7 所示。

打开网络电缆测试仪电源，将网线插头分别插入主测试器和远程测试器。网络电缆测试仪的指示灯闪亮顺序如下：主测试器 1—2—3—4—5—6—7—8；远程测试器 1—2—3—4—5—6—7—8。

如果接线不正常，则会出现如下情况显示：

① 有一根信号线断路时，则主测试器和远程测试器相应的指示灯都不亮，比如 3 号线断路，则主测试器和远程测试器的 3 号指示灯都不亮。

② 当有多根信号线不通时，则有多个指示灯不亮。当网线中少于两根线连通时，则所有的指示灯都不亮。

③ 当有短路存在时，则有多个指示灯同时闪亮，如 4 号线和 5 号线被短接到一起，则 4 号灯和 5 号灯同时闪亮。

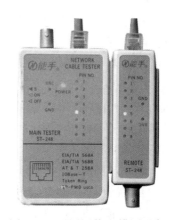

图 1-7　通用网络电缆测试仪

④ 当有乱序存在时，如 3、4 乱序，则显示如下：主测试器 1—2—3—4—5—6—7—8；远程测试器 1—2—4—3—5—6—7—8。

2．交叉线的制作

（1）参考直通线的制作方法，按照 EIA/TIA568B 标准制作网线的一端，即线序的排列为白橙/橙/白绿/蓝/白蓝/绿/白棕/棕。

（2）按照 EIA/TIA568A 标准制作网线的另一端，即线序的排列为白绿/绿/白橙/蓝/白蓝/橙/白棕/棕。

（3）用测试仪测试做好的网线，看看所做的网线是否合格。首先打开测试仪的电源，将网线两端的 RJ-45 水晶头插入网络电缆测试仪，如果网线合格，则网络电缆测试仪的显示如下：主测试器 1—2—3—4—5—6—7—8；远程测试器 3—6—1—4—5—2—7—8。如果不是按照这个顺序闪亮，则所做的网线测试不合格。

六、思考题

（1）直通线和交叉线的区别是什么？

（2）网线有四对线，为什么每对线都要缠绕着？

（3）从 CAT1 的一类线到 CAT7 的七类线，线径的粗细是如何变化的？

七、实验报告

请按照实验报告的格式要求（见附录 A）撰写实验报告。

实验 二 基本网络测试命令的使用

一、实验目的

（1）掌握基本网络测试命令的使用方法。

（2）能够灵活使用 ipconfig 命令查看 TCP/IP 网络配置值，刷新动态主机配置协议（DHCP）和域名系统（DNS）设置。

（3）能够灵活使用 ping 命令的各个参数来检测网络的连通性、可到达性、名称解析等问题。

（4）能够灵活使用 netstat 命令的各个参数来检测本地主机各端口的网络连接情况。

（5）能够灵活使用 tracert 命令查看网络路径情况。

（6）能够使用 NBtstat 命令释放和刷新 NetBIOS 名称。

二、实验设备

（1）计算机两台（带网卡）。

（2）交换机一台。

（3）网线几根。

（4）连接到因特网的以太网接口。

三、实验内容

（1）用 ipconfig 命令测试网络。

（2）用 ping 命令测试网络。

（3）用 netstat 命令测试网络。

（4）用 tracert 命令测试网络。

（5）用 NBtstat 命令测试网络。

四、实验原理

1. 基本网络测试命令简介

1）ipconfig 命令

ipconfig 命令可以用于显示当前所有的 TCP/IP 网络配置值，这些信息一般用来检查人工配置的 TCP/IP 设置是否正确。另外，ipconfig 还可以刷新动态主机配置协议（DHCP）和域名系统（DNS）的设置。使用不带参数的 ipconfig 命令可以显示本计算机所有适配器的 IP 地址、子网掩码和默认网关的信息。

2）ping 命令

ping.exe 是一个使用频率极高的实用程序，利用 ping 命令可以排除网卡、modem、电缆和路由器存在的故障。

ping 命令只有在安装了 TCP/IP 协议以后才可以使用。运行 ping 命令以后，在返回的屏幕窗口中会返回对方客户机的 IP 地址并表明 ping 连通对方的时间，如果出现 "Reply from ..."，则说明能与对方连通；如果出现 "Request timed out ..."，则说明不能与对方连通。

ping 命令是用于检测网络连通性、可到达性和名称解析等疑难问题的 TCP/IP 命令，根据返回的信息，可以推断 TCP/IP 参数的设置是否正确以及 TCP/IP 协议运行是否正确。

按照默认设置，每发出一个 ping 命令就向对方发送四个网间控制报文协议 ICMP 的回送请求，如果网络正常，发送方应该得到四个回送的应答。ping 命令发出后得到以 ms 或 ns 为单位的应答时间，这个时间越短就表示数据路由越畅通，反之，则说明网络连接不畅通。

ping 命令显示的 TTL（time to live，存在时间）值，可以推算出数据包经过了多少级路由器。因此用 ping 命令来测试两台计算机的连通性是非常有效的。

3）netstat 命令

netstat 命令可以帮助网络管理员了解网络的整体使用情况。它可以显示当前正在活动的网络连接的详细信息，可以统计目前总共有哪些网络连接正在运行。

具体地说，netstat 命令可以显示活动的 TCP 连接、计算机侦听端口、以太网统计信息、IP 路由列表、IPv4 统计信息（IP、ICMP、TCP 和 UDP 协议）以及 IPv6 统计信息（IPv6、ICMPv6、TCP 和 UDP 协议）。使用 netstat 命令时，如果不带参数，则显示活动的 TCP 连接。

4）tracert 命令

tracert 命令用来显示数据包到达目的主机所经过的路径，并显示到达每个结点的时间，适用于大型网络。

通过向目标发送不同 IP 的 TTL 值的 Internet 控制消息协议（ICMP）回应数据包，tracert 诊断程序确定到目标所采取的路由，要求路径上的每个路由器在转发数据包之前至少将数据包上的 TTL 递减 1。数据包上的 TTL 减为 0 时，路由器应该将 "ICMP 已超时" 的消息发回源系统。

tracert 先发送 TTL 为 1 的回应数据包，随后的每次发送过程将 TTL 递增 1，直到目标响应或 TTL 达到最大值，从而确定路由。通过检查中间路由器发回的 "ICMP 已超时" 的消息确定路由。tracert 命令按顺序打印出返回 "ICMP 已超时" 消息的路径中的近端路由器接口列表。

5）NBtstat

NBtstat 命令用于显示本地计算机和远程计算机的基于 TCP/IP（NetBT）协议的 NetBIOS 统计资料、NetBIOS 名称表和 NetBIOS 名称缓存。NBtstat 可以刷新 NetBIOS 名称缓存和注册的 Windows Internet 名称服务（WINS）名称。运用 NetBIOS，可以查看本地计算机或远程计算机上的 NetBIOS 名字表格。

使用不带参数的 NBtstat 显示帮助信息。

2．基本网络测试命令的使用格式

1）ipconfig 命令

格式：ipconfig[/? | /all | /renew[adapter] | /release[adapter] | /flushdns | /displaydns | /registerdns | /showclassid adapter | /setclassid adapter[classid]]

参数说明：

/?：显示当前命令的帮助和使用方法。

/all：显示所有适配器的完整 TCP/IP 配置信息。在没有该参数的情况下 ipconfig 只显示 IP 地址、子网掩码和各个适配器的默认网关值。适配器可以代表物理接口（例如安装的网络适配器）或逻辑接口（例如拨号连接）。

/renew[adapter]：更新所有适配器（如果未指定适配器）或特定适配器（如果包含了 adapter 参数）的 DHCP 配置。该参数仅在具有配置为自动获取 IP 地址的网卡的计算机上可用。要指定适配器名称，请键入使用不带参数的 ipconfig 命令显示的适配器名称。

/release[adapter]：发送 DHCP release 消息到 DHCP 服务器，以释放所有适配器（如果未指定适配器）或特定适配器（如果包含了 adapter 参数）的当前 DHCP 配置并丢弃 IP 地址配置。该参数可以禁用配置为自动获取 IP 地址的适配器的 TCP/IP。要指定适配器名称，请键入使用不带参数的 ipconfig 命令显示的适配器名称。

/flushdns：清理并重设 DNS 客户解析器缓存的内容。如有必要，在 DNS 疑难解答期间，可以使用本过程从缓存中丢弃否定性缓存记录和任何其他动态添加的记录。

/displaydns：显示 DNS 客户解析器缓存的内容，包括从本地主机文件预装载的记录以及由计算机解析的名称查询而最近获得的任何资源记录。DNS 客户服务在查询配置的 DNS 服务器之前使用这些信息快速解析被频繁查询的名称。

/registerdns：初始化计算机上配置的 DNS 名称和 IP 地址的手工动态注册。可以使用该参数对失败的 DNS 名称注册进行疑难解答或解决客户和 DNS 服务器之间的动态更新问题，而不必重新启动客户计算机。TCP/IP 协议高级属性中的 DNS 设置可以确定 DNS 中注册了哪些名称。

/showclassid adapter：显示指定适配器的 DHCP 类别 ID。要查看所有适配器的 DHCP 类别 ID，可以使用星号（＊）通配符代替 adapter。该参数仅在具有配置为自动获取 IP 地址的网卡的计算机上可用。

/setclassid adapter[classid]：配置特定适配器的 DHCP 类别 ID。要设置所有适配器的 DHCP 类别 ID，可以使用星号（＊）通配符代替 adapter。该参数仅在具有配置为自动获取 IP 地址的网卡的计算机上可用。如果未指定 DHCP 类别的 ID，则会删除当前类别的 ID。

2）ping 命令

格式：ping [–t]　[–a]　[–n count]　[–l size]　[–f]　[–i TTL]　[–v Tos]　[–r count]　[–s count] [–j computer–list] | [–k host–list] [–w timeout] [–R] [–S srcaddr]　target_name

参数说明：

–t：校验与指定计算机的连接，直到用户中断。

–a：将地址解析为计算机名。

–n count：发送由 count 指定数量的 ECHO 报文，默认值为 4 。

–l size：发送包含由 size 指定数据长度的 ECHO 报文（缓冲区大小）。默认值为 64 B，最大值为 8 192 B。

–f：在包中发送"不分段"标志。该包将不被路由上的网关分段。

–i TTL：将"生存时间"字段设置为 ttl 指定的数值。

–v Tos：将"服务类型"字段设置为 tos 指定的数值。

-r count：在"记录路由"字段中记录发出报文和返回报文的路由。指定的 count 值最小可以是 1，最大可以是 9。

-s count：指定由 count 指定的转发次数的时间戳。

-j computer-list：经过由 computer-list 指定的计算机列表的路由报文。中间网关可能分隔连续的计算机（松散的源路由）。允许的最大 IP 地址数目是 9。

-k host-list：经过由 host-list 指定的计算机列表的路由报文。中间网关可能分隔连续的计算机（严格的源路由）。允许的最大 IP 地址数目是 9。

-w timeout：以 ms 为单位指定超时间隔。

-R：同样使用路由标头测试反向路由（仅适用于 IPv6）。

-S srcaddr：要使用的源地址。

target_name：指定要校验连接的远程计算机。

使用 ping 命令时要注意：ping 命令通过向计算机发送 ICMP 回应报文并且监听回应报文的返回，以校验与远程计算机或本地计算机的连接。对于每个发送报文，ping 最多等待 1 s，并打印发送和接收报文的数量。比较每个接收报文和发送报文，以校验其有效性。默认情况下，发送四个回应报文，每个报文包含 64 B 的数据（周期性的大写字母序列）。

可以使用 ping 实用程序测试计算机名和 IP 地址。如果能够成功校验 IP 地址却不能成功校验计算机名，则说明名称解析存在问题。这种情况下，要保证在本地 hosts 文件中或 DNS 数据库中存在要查询的计算机名。

3）netstat 命令

格式：netstat　[-a] [-e] [-n] [-o] [-p proto] [-r] [-s] [-v] [interval]

参数说明：

-a：显示所有连接和监听的端口。

-e：显示以太网统计信息，此选项可以与 -s 选项组合使用。

-n：以数字形式显示地址和端口号。

-o：显示拥有的与每个连接关联的进程 ID。

-p proto：显示 proto 指定的协议的连接，proto 可以是下列协议之一：TCP、UDP、TCPv6 或 UDPv6。与 -s 选项一起使用以显示按协议统计信息，proto 可以是下列协议之一：IP、IPv6、ICMP、ICMPv6、TCP、TCPv6、UDP 或 UDPv6。

-r：显示路由表。显示按协议统计信息，默认显示 IP、IPv6、ICMP、ICMPv6、TCP、TCPv6、UDP 和 UDPv6 的统计信息。

-s：显示每个协议的统计。默认情况下，显示 IP、IPv6、ICMP、ICMP v6、TCP、TCPv6、UDP 和 UDPv6 的统计。

-v：与 -b 选项一起使用时将显示包含于为所有可执行组件创建连接或监听端口的组件。

Interval：重新显示选定统计信息，每次显示之间暂停时间间隔（以秒计）。按组合键【Ctrl+C】停止，重新显示统计信息。如果省略，netstat 显示当前配置信息（只显示一次）。

4）tracert 命令

格式：tracert [-d] [-h maximum_hops] [-j hostlist] [-w timeout] targetname

参数说明：

–d：防止 tracert 试图将中间路由器的 IP 地址解析为它们的名称，这样可加速显示 tracert 的结果。

–h maximum_hops：指定搜索目标的路径中存在的跃点的最大数，默认值为 30 个跃点。

–j hostlist：指定回显请求消息，将 IP 报头中的松散源路由选项与 hostlist 中指定的中间目标集一起使用。使用松散源路由时，连续的中间目标可以由一个或多个路由器分隔开。hostlist 中的地址或名称的最大数量为 9。hostlist 是一系列由空格分隔的 IP 地址（用带点的十进制符号表示），仅当跟踪 IPv4 地址时才使用该参数。

–w timeout：指定等待 "ICMP 已超时" 或 "回送应答" 消息（对应于要接收的给定 "回送请求" 消息）的时间（以 ms 为单位）。如果超时时间内未收到消息，则显示一个星号（*），默认的超时时间为 4 000 ms（4 s）。

targetname：指定目标，可以是 IP 地址或主机名。

5）NBtstat 命令

格式：NBtstat [[–a RemoteName] [–A IP address] [–c] [–n][–r] [–R] [–RR] [–s] [–S] [interval]]

参数说明：

–a：列出指定名称的远程机器的名称表。

RemoteName：远程主机计算机名。

–A：列出指定 IP 地址的远程机器的名称表。

IP address：用点分隔的十进制表示的 IP 地址。

–c：列出远程计算机名称及其 IP 地址的 NBT 缓存。

–n：列出本地 NetBIOS 名称。

–r：列出通过广播和经由 WINS 解析的名称。

–R：清除和重新加载远程缓存名称表。

–RR：将名称释放包发送到 WINS，然后启动刷新。

–s：列出将目标 IP 地址转换成计算机 NetBIOS 名称的会话表。

–S：列出具有目标 IP 地址的会话表。

interval：重新显示选定的统计、每次显示之间暂停的间隔秒数。

按组合键【Ctrl+C】停止，重新显示统计。

五、实验过程与步骤

1．组建局域网

（1）按照图 2-1 组建好局域网。

（2）配置两台计算机的 TCP/IP 属性，都选择自动获取 IP 地址和自动获取 DNS 服务器地址。

2．ipconfig 命令的使用

（1）测试本计算机所有适配器的基本 TCP/IP 配置。在 DOS 提示符下使用不带参数的 ipconfig 命令，如图 2-2 所示，测试到的内容包括 IPv4 地址、子网掩码、IPv6 地址、默认网关。

（2）如果需要清理并重设 DNS 客户解析器缓存的内容，则在 ipconfig 命令中使用参数/flushdns，如图 2-3 所示。

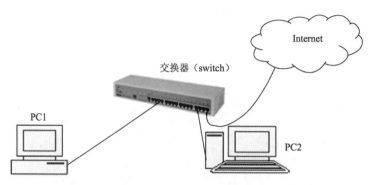

图 2-1　局域网拓扑结构

```
C:\>ipconfig

Windows IP Configuration

Ethernet adapter 本地连接 2:

        Connection-specific DNS Suffix  . : sqs.cqcnt.com
        IP Address. . . . . . . . . . . . : 218.244.28.241
        Subnet Mask . . . . . . . . . . . : 255.255.240.0
        IP Address. . . . . . . . . . . . : fe80::214:4ff:fe34:85dfx10
        Default Gateway . . . . . . . . . : 218.244.31.253
```

图 2-2　不带参数的 ipconfig 命令

```
C:\>ipconfig/flushdns

Windows IP Configuration

Successfully flushed the DNS Resolver Cache.
```

图 2-3　带有参数/flushdns 的 ipconfig 命令

（3）如果需要显示 DNS 客户解析器缓存的内容，则在 ipconfig 命令中使用参数/displaydns，如图 2-4 所示。

```
C:\>ipconfig/displaydns

Windows IP Configuration

        dn1-cn1.kaspersky-labs.com
        ----------------------------------------
        Record Name . . . . . : dn1-cn1.kaspersky-labs.com
        Record Type . . . . . : 5
        Time To Live  . . . . : 49
        Data Length . . . . . : 4
        Section . . . . . . . : Answer
        CNAME Record  . . . . : kaspersky.fastcdn.com


        dns6.fastcdn.com
        ----------------------------------------
        Record Name . . . . . : dns6.fastcdn.com
        Record Type . . . . . : 1
        Time To Live  . . . . : 49
        Data Length . . . . . : 4
        Section . . . . . . . : Answer
        A (Host) Record . . . : 59.39.71.248


        1.0.0.127.in-addr.arpa
        ----------------------------------------
        Record Name . . . . . : 1.0.0.127.in-addr.arpa.
```

图 2-4　带有参数/displaydns 的 ipconfig 命令

（4）如果需要显示所有适配器的完整 TCP/IP 配置，则在 ipconfig 命令中使用参数/all，如图 2-5 所示。测试到的内容增加了许多其他内容，如主机名、网卡型号、MAC 地址、DHCP 服务器等。

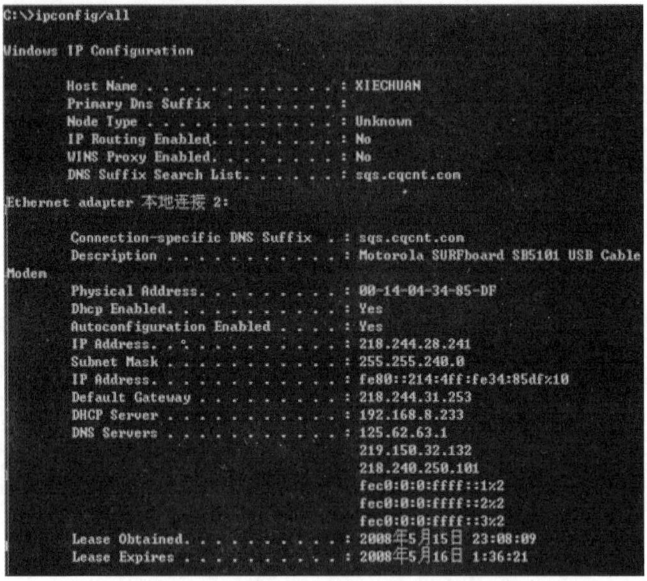

图 2-5　带有参数/all 的 ipconfig 命令

3. ping 命令的使用

（1）环回测试：127.×.×.× 是本地计算机的环回地址，ping 环回地址则把 ping 命令送到本地计算机 IP 软件。这个命令用来测试 TCP/IP 的安装或运行存在的某些最基本的问题。

localhost 是 127.0.0.1 的别名，也可以利用 localhost 来进行环回测试，每台计算机都应该能够将名称 localhost 转换成地址 127.0.0.1，如果不能做到这一点，则表示主机文件（host）中存在问题。

在命令提示符下，分别使用 ping 127.0.0.1 和 ping localhost 进行测试，正常情况下都应该得到图 2-6 所示的结果。

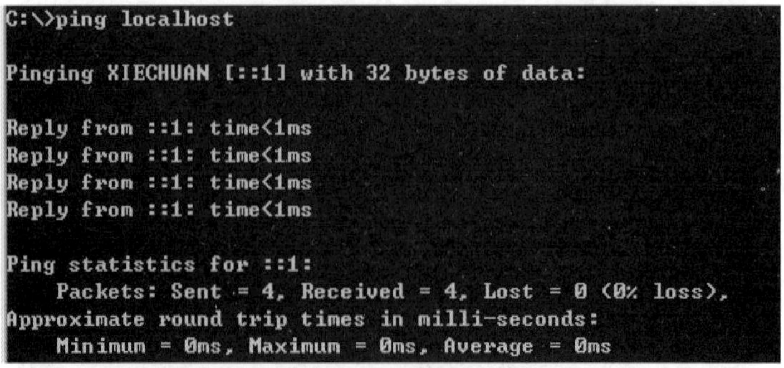

图 2-6　ping 环回地址

（2）ping 本机 IP 地址：这个命令使用本地计算机所配置的 IP 地址（可用 ipconfig 命令得到），如果在 ping 命令中加上参数-t，则本地计算机对该 ping 命令不停止地做出应答，否则，说明本地计算机的 TCP/IP 安装存在问题。测试过程中，可以使用组合键【Ctrl + C】退出测试，如图 2-7 所示。

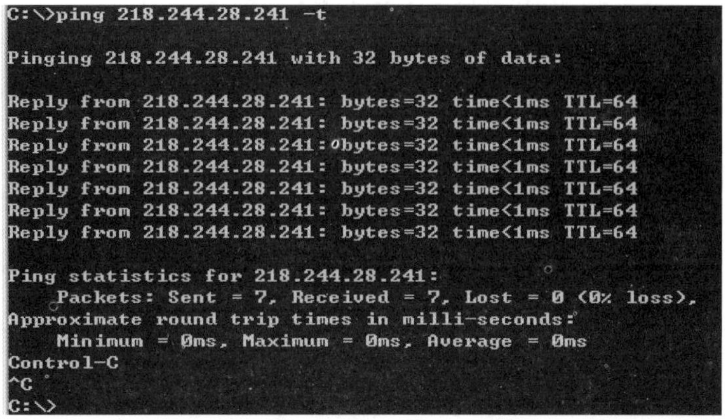

```
C:\>ping 218.244.28.241 -t

Pinging 218.244.28.241 with 32 bytes of data:

Reply from 218.244.28.241: bytes=32 time<1ms TTL=64
Reply from 218.244.28.241: bytes=32 time<1ms TTL=64
Reply from 218.244.28.241:0bytes=32 time<1ms TTL=64
Reply from 218.244.28.241: bytes=32 time<1ms TTL=64
Reply from 218.244.28.241: bytes=32 time<1ms TTL=64
Reply from 218.244.28.241: bytes=32 time<1ms TTL=64
Reply from 218.244.28.241: bytes=32 time<1ms TTL=64

Ping statistics for 218.244.28.241:
    Packets: Sent = 7, Received = 7, Lost = 0 (0% loss),
Approximate round trip times in milli-seconds:
    Minimum = 0ms, Maximum = 0ms, Average = 0ms
Control-C
^C
C:\>
```

图 2-7　ping 本机 IP 地址

（3）ping 局域网内其他主机的 IP 地址（需要先用 ipconfig 命令查出当时实验环境中本机和其他主机的 IP 地址）：该命令对局域网内的其他主机发送回送请求信息，如果能够收到对方主机的回送应答信息，则表明局域网工作正常，如图 2-8 所示。

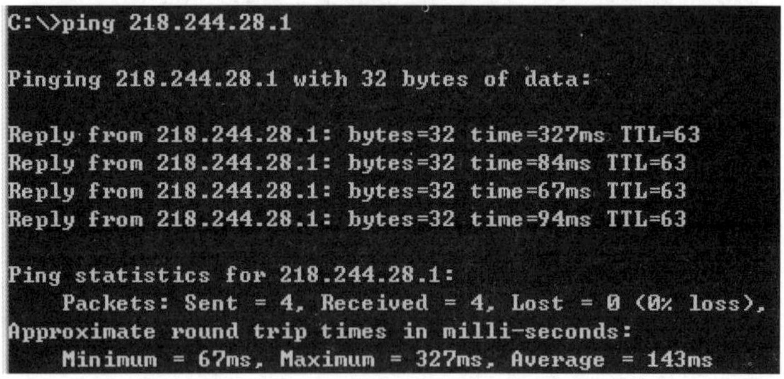

```
C:\>ping 218.244.28.1

Pinging 218.244.28.1 with 32 bytes of data:

Reply from 218.244.28.1: bytes=32 time=327ms TTL=63
Reply from 218.244.28.1: bytes=32 time=84ms TTL=63
Reply from 218.244.28.1: bytes=32 time=67ms TTL=63
Reply from 218.244.28.1: bytes=32 time=94ms TTL=63

Ping statistics for 218.244.28.1:
    Packets: Sent = 4, Received = 4, Lost = 0 (0% loss),
Approximate round trip times in milli-seconds:
    Minimum = 67ms, Maximum = 327ms, Average = 143ms
```

图 2-8　ping 局域网内其他主机

（4）ping 网关：如果能够收到应答信息，则表明网络中的网关路由器运行正常，如图 2-9 所示。

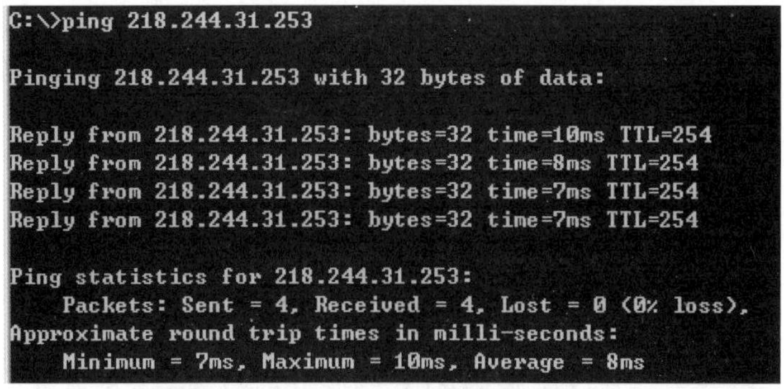

```
C:\>ping 218.244.31.253

Pinging 218.244.31.253 with 32 bytes of data:

Reply from 218.244.31.253: bytes=32 time=10ms TTL=254
Reply from 218.244.31.253: bytes=32 time=8ms TTL=254
Reply from 218.244.31.253: bytes=32 time=7ms TTL=254
Reply from 218.244.31.253: bytes=32 time=7ms TTL=254

Ping statistics for 218.244.31.253:
    Packets: Sent = 4, Received = 4, Lost = 0 (0% loss),
Approximate round trip times in milli-seconds:
    Minimum = 7ms, Maximum = 10ms, Average = 8ms
```

图 2-9　ping 网关

（5）ping 域名服务器（DNS 服务器）：如果能够收到域名服务器的应答信息，则表明网络中的域名服务器运行正常，如图 2-10 所示。（注意：这里的 IP 地址可能不是实验环境中的 DNS

服务器的 IP 地址，具体以当时实验环境中的 DNS 服务器的 IP 地址来进行实验。）

```
C:\>ping 125.62.63.1

Pinging 125.62.63.1 with 32 bytes of data:

Reply from 125.62.63.1: bytes=32 time=8ms TTL=123
Reply from 125.62.63.1: bytes=32 time=8ms TTL=123
Reply from 125.62.63.1: bytes=32 time=7ms TTL=123
Reply from 125.62.63.1: bytes=32 time=8ms TTL=123

Ping statistics for 125.62.63.1:
    Packets: Sent = 4, Received = 4, Lost = 0 (0% loss),
Approximate round trip times in milli-seconds:
    Minimum = 7ms, Maximum = 8ms, Average = 7ms
```

图 2-10   ping 域名服务器

（6）ping 域名地址：如果这里出现故障，可能是因为 DNS 服务器的故障或域名所对应的计算机存在故障。如果能够收到域名对应的计算机的应答信息，则说明 DNS 服务器、域名所对应的计算机都运行正常。ping www.sina.com 的应答情况如图 2-11 所示。

```
C:\>ping www.sina.com

Pinging hydra.sina.com.cn [218.30.108.68] with 32 bytes of data:

Reply from 218.30.108.68: bytes=32 time=57ms TTL=48
Reply from 218.30.108.68: bytes=32 time=56ms TTL=48
Reply from 218.30.108.68: bytes=32 time=59ms TTL=48
Reply from 218.30.108.68: bytes=32 time=59ms TTL=48

Ping statistics for 218.30.108.68:
    Packets: Sent = 4, Received = 4, Lost = 0 (0% loss),
Approximate round trip times in milli-seconds:
    Minimum = 56ms, Maximum = 59ms, Average = 57ms
```

图 2-11   ping 域名地址

如果上面所列出的所有 ping 命令都能够正常运行，那么本地计算机基本上具备了进行本地和远程通信的功能。

4．netstat 命令的使用

（1）如果需要显示所有有效连接（包括 TCP 和 UDP 两种）的信息，则在 netstat 命令中使用参数 –a，这里包括已经建立的连接（established）和监听连接请求（listening）的连接，以及计算机侦听的 TCP 和 UDP 端口。命令的使用情况如图 2-12 所示（因为显示的内容太多，图中省略了部分信息）。

```
C:\>netstat -a

Active Connections

  Proto  Local Address          Foreign Address        State
  TCP    XIECHUAN:echo          XIECHUAN:0             LISTENING
  TCP    XIECHUAN:discard       XIECHUAN:0             LISTENING
  TCP    XIECHUAN:daytime       XIECHUAN:0             LISTENING
  TCP    XIECHUAN:qotd          XIECHUAN:0             LISTENING
  TCP    XIECHUAN:chargen       XIECHUAN:0             LISTENING
  TCP    XIECHUAN:telnet        XIECHUAN:0             LISTENING
  TCP    XIECHUAN:smtp          XIECHUAN:0             LISTENING
  TCP    XIECHUAN:pop3          XIECHUAN:0             LISTENING
  TCP    XIECHUAN:nntp          XIECHUAN:0             LISTENING
  TCP    XIECHUAN:epmap         XIECHUAN:0             LISTENING
```

图 2-12   带有参数–a 的 netstat 命令

（2）在 netstat 命令中使用参数-e 来显示关于以太网的统计数据，如图 2-13 所示。

```
C:\>netstat -e
Interface Statistics

                           Received            Sent

Bytes                      12298043         2708310
Unicast packets                9687            9335
Non-unicast packets          122477             464
Discards                          0               0
Errors                            0               1
Unknown protocols                 0
```

图 2-13　带有参数-e 的 netstat 命令

（3）如果需要显示已建立的有效 TCP 连接，则在 netstat 命令中使用参数-n，如图 2-14 所示。

```
C:\>netstat -n

Active Connections

  Proto  Local Address          Foreign Address        State
  TCP    127.0.0.1:1110         127.0.0.1:1393         ESTABLISHED
  TCP    127.0.0.1:1393         127.0.0.1:1110         ESTABLISHED
  TCP    218.244.28.241:1080    222.216.28.101:1691    TIME_WAIT
  TCP    218.244.28.241:1394    218.30.108.38:80       ESTABLISHED
```

图 2-14　带有参数-n 的 netstat 命令

（4）如果需要显示 UDP 的统计信息，则在 netstat 命令中使用参数-s -p udp，如图 2-15 所示。

```
C:\>netstat -s -p udp

UDP Statistics for IPv4

  Datagrams Received    = 1506
  No Ports              = 11050
  Receive Errors        = 0
  Datagrams Sent        = 1821

Active Connections

  Proto  Local Address          Foreign Address        State
```

图 2-15　利用 netstat 命令显示 UDP 的统计信息

（5）如果需要显示 TCP 的统计信息，则在 netstat 命令中使用参数 -s -p tcp，如图 2-16 所示。

```
C:\>netstat -s -p tcp

TCP Statistics for IPv4

  Active Opens                        = 531
  Passive Opens                       = 271
  Failed Connection Attempts          = 4
  Reset Connections                   = 129
  Current Connections                 = 1
  Segments Received                   = 7840
  Segments Sent                       = 7834
  Segments Retransmitted              = 134

Active Connections

  Proto  Local Address          Foreign Address        State
  TCP    XIECHUAN:1603          localhost:1110         CLOSE_WAIT
```

图 2-16　利用 netstat 命令显示 TCP 的统计信息

（6）如果需要显示有关路由表的信息，则在 netstat 命令中使用参数 –r，如图 2-17 所示。

```
C:\>netstat -r

Route Table
===========================================================================
Interface List
0x1 .......................... MS TCP Loopback interface
0x3 ...44 45 53 54 42 00 ...... Nortel IPSECSHM Adapter - 数据包计划程序微型端口
0x10005 ...00 14 04 34 85 df ...... Motorola SURFboard SB5101 USB Cable Modem -
===========================================================================
===========================================================================
Active Routes:
Network Destination        Netmask          Gateway       Interface  Metric
          0.0.0.0          0.0.0.0   218.244.31.253  218.244.28.241      30
    61.186.246.34  255.255.255.255   218.244.31.253  218.244.28.241       1
        127.0.0.0        255.0.0.0        127.0.0.1       127.0.0.1       1
     211.83.192.0  255.255.240.0   219.221.47.189  219.221.47.189       1
     218.244.16.0  255.255.240.0   218.244.28.241  218.244.28.241      30
   218.244.28.241  255.255.255.255        127.0.0.1       127.0.0.1      30
   218.244.28.255  255.255.255.255   218.244.28.241  218.244.28.241      30
     219.221.47.0  255.255.255.0   219.221.47.189  219.221.47.189      30
     219.221.47.2  255.255.255.255   219.221.47.189  219.221.47.189       1
   219.221.47.189  255.255.255.255        127.0.0.1       127.0.0.1      30
   219.221.47.255  255.255.255.255   219.221.47.189  219.221.47.189      30
        224.0.0.0        240.0.0.0   218.244.28.241  218.244.28.241      30
        224.0.0.0        240.0.0.0   219.221.47.189  219.221.47.189      30
  255.255.255.255  255.255.255.255   218.244.28.241  218.244.28.241       1
  255.255.255.255  255.255.255.255   219.221.47.189  219.221.47.189       1
Default Gateway:      218.244.31.253
===========================================================================
Persistent Routes:
  None
```

图 2-17　带有参数–r 的 netstat 命令

5. tracert 命令的使用

（1）如果要跟踪到达新浪网 Web 服务器（www.sina.com）的路径，则使用图 2-18 所示的 tracert 命令。跟踪结果首先指明跟踪到目的地址的路由，并观察本次搜索的最大跃点数为多少（默认值为 30），中间结点包含域名表示方式。

（2）在跟踪过程中，为了防止将每个 IP 地址解析为它的名称，则在 tracert 命令中使用参数 –d，如图 2-19 所示。

```
C:\>tracert www.sina.com

Tracing route to jupiter.sina.com.cn [202.205.3.130]
over a maximum of 30 hops:

  1     7 ms     7 ms     7 ms  172.20.63.254
  2     8 ms     7 ms     7 ms  192.168.4.250
  3    13 ms     7 ms     9 ms  192.168.1.254
  4     7 ms     7 ms     7 ms  192.168.1.242
  5    52 ms    46 ms    56 ms  219.142.47.101
  6    46 ms    43 ms    53 ms  219.142.16.193
  7    51 ms    48 ms    43 ms  bj141-131-13.bjtelecom.net [219.141.131.13]
  8    45 ms    48 ms    49 ms  bj141-130-82.bjtelecom.net [219.141.130.82]
  9    57 ms    53 ms    54 ms  202.97.57.221
 10    76 ms    78 ms    75 ms  202.97.34.62
 11    83 ms    85 ms    82 ms  202.97.44.170
 12   219 ms   223 ms   219 ms  202.97.15.82
 13   219 ms   217 ms   219 ms  202.112.36.254
 14   220 ms   222 ms   221 ms  202.112.36.226
 15   160 ms   156 ms   153 ms  202.112.53.177
 16     *     145 ms   147 ms  cd1.cernet.net [202.112.53.74]
 17     *     151 ms   153 ms  202.112.38.98
 18   147 ms   154 ms   149 ms  202.205.13.249
 19   142 ms     *     159 ms  202.205.13.210
 20   160 ms   164 ms   164 ms  202.205.3.130

Trace complete.
```

图 2-18　跟踪到达服务器（www.sina.com）的路径

```
C:\>tracert -d www.shouhu.com

Tracing route to www.shouhu.com [61.152.253.66]
over a maximum of 30 hops:

  1    10 ms     7 ms    12 ms   172.20.63.254
  2    25 ms    10 ms     7 ms   192.168.4.250
  3    10 ms     7 ms     9 ms   192.168.1.254
  4     8 ms     9 ms     9 ms   192.168.1.242
  5    53 ms    59 ms    46 ms   219.142.47.101
  6    44 ms    48 ms    44 ms   219.142.16.193
  7    45 ms    54 ms    49 ms   219.141.131.17
  8    56 ms    48 ms    47 ms   219.141.130.101
  9    50 ms    55 ms    46 ms   202.97.57.221
 10    69 ms    76 ms    71 ms   202.97.34.62
 11    73 ms    79 ms    69 ms   61.152.86.9
 12    97 ms    77 ms    74 ms   61.152.87.98
 13    77 ms    71 ms    69 ms   222.72.243.190
 14    75 ms    70 ms    73 ms   61.151.245.134
 15     *       76 ms    74 ms   61.152.253.66

Trace complete.
```

图 2-19　带有参数-d 的 tracert 命令

6. NBtstat 命令的使用

（1）-a 和 - A 选项。这两个参数的功能相同，都是显示远程计算机的名称表。区别是 -a 选项后面既可跟远程计算机的计算机名，也可跟 IP 地址；-A 选项后面只能跟远程计算机的 IP 地址。

从图 2-20（a）和图 2-20（b）中可以看到，该计算机名称为 HOST-1C，工作组或域为 WORKGROUP。

（a）带有参数-a 的 NBtstat 命令　　　　　　　（b）带有参数-A 的 NBtstat 命令

图 2-20　带有参数-a 或-A 的 NBtstat 命令

（2）-c 选项。显示 NetBIOS 名称缓存内容、NetBIOS 名称表及其解析的各个地址。

列出远程计算机的名称及其 IP 地址的缓存，这个参数就是用来列出在 NetBIOS 里缓存的连接过的计算机的 IP，如图 2-21 所示。

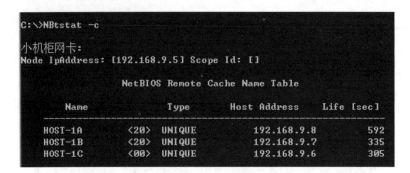

图 2-21　带有参数-c 的 NBtstat 命令

（3）-n 选项。显示本地计算机的 NetBIOS 名称表。Registered 中的状态表明该名称是通过广播或 WINS 服务器注册的，如图 2-22 所示。

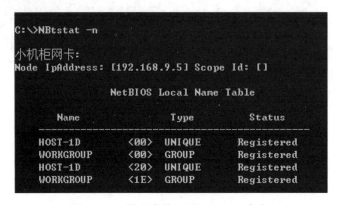

图 2-22　带有参数-n 的 NBtstat 命令

六、思考题

（1）你的计算机平时能正常上网，某天突然不能正常上网了，你能否查出是什么原因造成的？
（2）如何查出计算机的 IP 地址和 MAC 地址？
（3）在同一个局域网中，知道对方的 IP 地址，如何查出它的主机名？

七、实验报告

请按照实验报告的格式要求（见附录 A）撰写实验报告。

实验 三
网络的基本配置

一、实验目的

（1）掌握网卡驱动程序的安装方法。
（2）初步理解 IP 地址、子网掩码的概念。
（3）学会配置计算机的 TCP/IP 属性。
（4）学会组建最简单的局域网。

二、实验设备

（1）计算机两台（带网卡）。
（2）网线几根。

三、实验内容

用交叉网线进行双机互连。

四、实验原理

1．网卡
1）概述

网卡是应用最广泛的一种网络设备（见图 3-1），网卡的全名为网络接口卡（network interface card）。网卡是连接计算机与网络的硬件设备，是局域网最基本的组成部分之一。网卡的标准由 IEEE（电气电子工程师学会）定义。

图 3-1　网卡

网卡是工作在数据链路层的网络组件，是局域网中连接计算机和传输介质的接口，不仅能实现与局域网传输介质之间的物理连接和电信号匹配，还具有帧的发送与接收、帧的封装与拆封、介质访问控制、数据的编码与解码以及数据缓存的功能等。

网卡上面装有处理器和存储器（包括 RAM 和 ROM）。网卡和局域网之间的通信是通过电缆或双绞线以串行传输方式进行的。而网卡和计算机之间的通信则是通过计算机主板上的 I/O 总线以并行传输方式进行的。因此，网卡的一个重要功能就是要进行串行/并行转换。由于网络上的数据率和计算机总线上的数据率并不相同，因此在网卡中必须装有对数据进行缓存的存储芯片。

在安装网卡时必须将管理网卡的设备驱动程序安装在计算机的操作系统中。这个驱动程序以后就会控制网卡，应当从存储器的什么位置上将局域网传送过来的数据块存储下来，此外，网卡还要能够实现以太网协议。

网卡并不是独立的自治单元，因为网卡本身不带电源而是必须使用所插入的计算机的电源，并受该计算机的控制。因此，网卡可看成一个半自治的单元。当网卡收到一个有差错的帧时，它就将这个帧丢弃而不必通知它所插入的计算机；当网卡收到一个正确的帧时，它就使用中断来通知该计算机并交付给协议栈中的网络层。当计算机要发送一个 IP 数据报时，它就由协议栈向下交给网卡组装成帧后发送到局域网。

随着集成度的不断提高，网卡上的芯片个数不断减少，虽然现在各厂家生产的网卡种类繁多，但其功能大同小异。网卡的主要功能有以下四个：

（1）进行串行/并行转换；

（2）对数据进行缓存；

（3）在计算机的操作系统中安装设备驱动程序；

（4）实现以太网协议。

2）网卡驱动程序

网卡作为计算机联网的主要硬件，并不是插入计算机插槽后就能够用于网络通信的，只有正确安装了网卡驱动程序，网卡才能正常工作，才能进行网络参数设置。在 Windows 环境下，若操作系统不能自动识别网卡并安装驱动程序，就需要手动安装网卡驱动程序。

网卡驱动程序的扩展名几乎都是 INF，在手动安装的过程中，只要正确指定了盘符或者路径，系统就会自动找到它并成功安装。

2．网络基本协议

1）NetBEUI 协议

NetBEUI 的全称是 NetBIOS extended user interface，即 NetBIOS 扩展用户接口。NetBEUI 协议是一个基本协议，它提供工作组及计算机的网络标识名，而且不需要配置网络地址。该协议还具备一些通信功能，但并不支持路由选择。NetBEUI 协议是一种短小精悍、通信效率高的广播型协议，安装后不需要进行设置，特别适合在"网上邻居"间传送数据。它可以支持一些高级的功能，例如自动检测站点类型和网络地址等，是支持在同一局域网环境中进行网络通信的典型协议。

NetBEUI 缺乏路由和网络层寻址功能，既是其最大的优点，也是其最大的缺点。因为它不需要附加的网络地址和网络层头尾，所以很快并很有效且适用于本地局域网中，一般不能用于与其他网络的计算机进行沟通。因为不支持路由，所以 NetBEUI 永远不会成为企业网络的主要协议。NetBEUI 帧中唯一的地址是数据链路层媒体访问控制（MAC）地址，该地址标识了网卡但没有标识网络。路由器靠网络地址将帧转发到最终目的地，而 NetBEUI 帧完全缺乏该信息。

2）TCP/IP 协议

TCP/IP 的全称是 Transmission Control Protocol/Internet Protocol（传输控制协议/网际协议，是因特网最基本的协议），通常所说的 TCP/IP 是一个协议簇，包括 IP 协议、TCP 协议、UDP 协议、ICMP 协议、IGMP 协议、ARP 协议、RARP 协议等。为不同操作系统和不同硬件体系之间的网络互连提供支持。

TCP/IP 协议并不完全符合 OSI 的七层参考模型。而是采用四层的层级结构，每一层都依靠它的下一层所提供的服务来完成自己的需求。这四层分别为：

（1）应用层：应用程序间沟通的层，如简单电子邮件传输协议（SMTP）、文件传输协议（FTP）、网络远程访问协议（TELNET）、域名解析（DNS）等。

（2）传输层：在此层中，提供了结点间的数据传送服务，如传输控制协议（TCP）、用户数据报协议（UDP）等，TCP 和 UDP 给数据包加入传输数据并把它传输到下一层中，这一层负责传送数据，并且确定数据已被送达并接收。

（3）网络层：负责提供基本的数据封包传送功能，让每一块数据包都能够到达目的主机（但不检查是否被正确接收），如网际协议（IP）。

（4）网络接口层：对实际的网络媒体的管理，定义如何使用实际网络（如 Ethernet、Serial Line 等）来传送数据。

3. IP 地址

在 Internet 上连接的所有计算机，从大型机到微型计算机都是以独立的身份出现的，称为主机。为了实现各主机间的通信，每台主机都必须有一个唯一的网络地址，就好像每一个住宅都有唯一的门牌号一样，才不至于在传输信息时出现混乱。在 Internet 中，网络地址唯一地标识一台计算机，这个地址就称为 IP（Internet Protocol）地址，即用 Internet 协议语言表示的地址。

目前，在 Internet 里，IP 地址是一个 32 位的二进制地址（IPv4 规定 IP 地址长度为 32 位，IPv6 规定 IP 地址长度为 128 位），为了便于记忆，将它们分为四组，每组 8 位，由小数点分开，用 4 B 来表示，且用点分开的每个字节的数值范围是 0 ~ 255，如 202.116.0.1，这种书写方法称为点分十进制表示法。

IP 地址可确认网络中的任何一个网络和计算机，而要识别其他网络或其中的计算机，则是通过 32 位的子网掩码把 32 位 IP 地址划分为两个部分来实现的，这两个部分分别是网络号和主机号。通过网络号找到具体的网络，再通过主机号找到对应的计算机。

一般将 IP 地址按结点计算机所在网络规模的大小分为 A，B，C 三类：

（1）A 类地址。A 类地址的表示范围为 0.0.0.0 ~ 126.255.255.255，默认的子网掩码为 255.0.0.0；A 类地址分配给规模特别大的网络使用。A 类网络用第一组数字表示网络号，即网络本身的地址，后面三组数字表示主机号，作为连接于网络上的主机的地址。

（2）B 类地址。B 类地址的表示范围为 128.0.0.0 ~ 191.255.255.255，默认的子网掩码为 255.255.0.0；B 类地址分配给一般的中型网络使用。B 类网络用第一、二组数字表示网络的地址，后面两组数字代表网络上的主机地址。

（3）C 类地址。C 类地址的表示范围为 192.0.0.0 ~ 223.255.255.255，默认的子网掩码为 255.255.255.0；C 类地址分配给小型网络使用，如一般的局域网和校园网等。C 类网络用前三组数字表示网络的地址，最后一组数字作为网络上的主机地址。

实际上，还存在着 D 类地址和 E 类地址。D 类地址用于组播，E 类地址保留。

在实际使用中，通常通过划分子网或是构造超网的方式来节约 IP 地址的使用。

五、实验过程与步骤

1. 网卡驱动程序的安装

（1）在断电的情况下打开计算机机箱，插入网卡。启动计算机，下一步就开始安装网卡驱动

程序。对于大多数通用网卡而言，系统会从
C:\windows\system32\drivers 目录中找到相应的网卡
驱动程序，然后自动地安装。如果系统在
C:\windows\system32\drivers 目录下找不到该网卡的
驱动程序，系统会提示进行网卡驱动程序的安装。

（2）在成功完成网卡安装后，打开计算机电源，
系统会自动发现网卡硬件，报告"发现新硬件"，弹
出"找到新的硬件向导"对话框，如图 3-2 所示，
从中选择"从列表或指定位置安装（高级）"单选
按钮，单击"下一步"按钮。

图 3-2 "找到新的硬件向导"对话框

（3）在"浏览文件夹"中，选择包含有网卡驱
动程序的目录，找到安装文件然后双击文件运行，如图 3-3 所示。

图 3-3 选择安装文件

（4）系统开始安装网卡驱动程序，进入"欢迎使用安装向导"界面，如图 3-4 所示，单击
"下一步"按钮进行安装，进入"安装界面"，如图 3-5 所示，单击"安装"按钮，开始安装。

图 3-4 "欢迎使用安装向导"界面

图 3-5 安装界面

（5）接下来，会出现安装进度条行进界面，如图 3-6 所示，安装进度条走完，安装结束，出现图 3-7 所示的"安装完成向导"界面，单击"完成"按钮，完成安装。

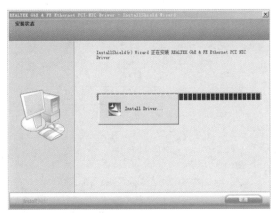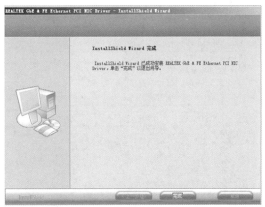

图 3-6　网卡安装进行中　　　　　　图 3-7　"安装完成向导"界面

（6）在正确完成网卡和网卡驱动程序的安装后，可以在"控制面板"→"管理工具"→"计算机管理"→"设备管理器"的"网络适配器"列表中看到网卡的型号，如图 3-8 所示。

可以试试用相同的方式安装另一台计算机的网卡驱动程序。

2．TCP/IP 协议配置

（1）右击"网上邻居"图标，在弹出的快捷菜单中选择"属性"命令，进入"网络连接"窗口，如图 3-9 所示。

图 3-8　网络适配器信息　　　　　　图 3-9　"网络连接"窗口

（2）右击"本地连接"图标，在弹出的快捷菜单中选择"属性"命令，弹出"本地连接属性"窗口，如图 3-10 所示。

（3）在"本地连接属性"窗口中选择"Internet 协议（TCP/IP）"选项，单击"属性"按钮，弹出"Internet 协议（TCP/IP）属性"窗口，如图 3-11 所示。需要设置的参数有四个，即 IP 地址、子网掩码、默认网关和 DNS 服务器。

（4）选中图 3-11 中"使用下面的 IP 地址"单选按钮，分别按照图中信息填写 IP 地址、子网掩码、默认网关和 DNS 服务器，默认网关和 DNS 服务器可根据实际实验环境填写，如果没有也可以不填。

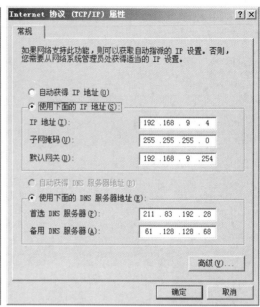

图 3-10 "本地连接属性"窗口 　　图 3-11 "Internet 协议（TCP/IP）属性"窗口

（5）按照相同的方法设置另外一台计算机的 IP 地址为 192.168.9.3，其他项都一样。

3．双机直连

（1）用交叉网线连接上一步刚配置好 TCP/IP 属性的两台计算机。交叉网线的一端接一台计算机的网卡口，另一端接另一台计算机的网卡口，网络拓扑图如图 3-12 所示，接好后可以在两台计算机上执行 ping 命令测试网络连通性。

（2）右击"计算机"图标，在弹出的快捷菜单中选择"属性"命令，弹出"系统属性"对话框，切换到"计算机名"选项卡，如图 3-13 所示。

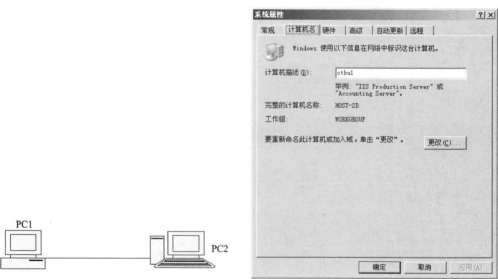

图 3-12 双机直连的网络拓扑图 　　图 3-13 "计算机名"选项卡

（3）单击图 3-13 的"更改"按钮，进入"计算机名/域更改"对话框，如图 3-14 所示，分别设置两台计算机的"计算机名"和"隶属于"哪个"工作组"。两台计算机属于同一个工作组（如 WORKGROUP），但要求使用不同的计算机名（如分别为 ctbu1 和 ctbu2）。

（4）在两台计算机上分别设置共享文件夹。如在一台计算机上选择用于共享的文件夹，单击，在弹出的快捷菜单中选择"共享与安全"命令，在弹出的窗口中，切换到"共享"选项卡，如图 3-15 所示。

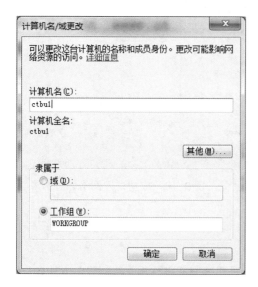

图 3-14　"计算机名/域更改"对话框　　　　图 3-15　设置共享文件夹

（5）选中"共享此文件夹"单选按钮，"共享名"可按自己的意愿更改，其他选项可保留默认设置，单击"确定"按钮完成共享设置。

（6）在另一台计算机上通过"网上邻居"访问网络资源，则会发现除了可以访问本机的资源外，还可以访问另外一台计算机上的共享文件夹，在 ctbu2 计算机上访问 ctbu1 计算机，如果出现图 3-16 所示的情况，则还需要进行下面的设置。

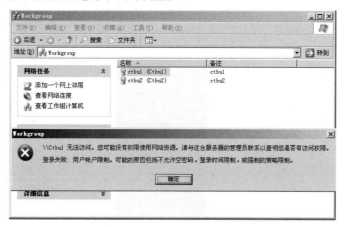

图 3-16　无法访问网络邻居资源

（7）在 ctbu1 计算机上选择"控制面板"→"管理工具"→"计算机管理"命令，选择"本地用户和组"，选择"用户"，如发现右栏 Guest 上面有红叉，就双击 Guest，在内弹出的"属性"

窗口中取消选中"账户已禁用"复选框，如图 3-17 所示，单击"确定"按钮后会发现 Guest 上面的红叉消失。此时，转至步骤（6）能成功看到另一台计算机的共享文件夹，如图 3-18 所示。

图 3-17 "Guest 属性"窗口

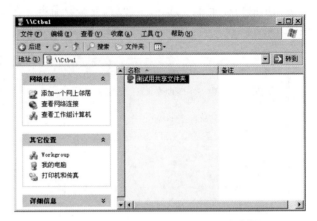

图 3-18 成功访问网络邻居资源

六、思考题

（1）在 TCP/IP 属性中可以设置哪些参数？

（2）安装好网卡后，不安装网卡驱动程序，计算机之间能进行相互通信吗？为什么？

（3）两台计算机用网线连好后，如果它们不属于同一个工作组，能相互访问吗？

七、实验报告

请按照实验报告的格式要求（见附录 A）撰写实验报告。

第二章　交换机和路由器

实验四
交换机组建局域网实验

一、实验目的

（1）了解局域网各组成部分。
（2）掌握网络设备类型选择、软硬件设置方法。
（3）掌握基本的网络故障的判断、解决方法。
（4）进一步熟悉网络上常用的测试命令。

二、实验设备

（1）计算机四台（带网卡）。
（2）交换机两台。
（3）直通网线四根。
（4）交叉网线一根。

三、实验内容

（1）用一台交换机组建一个局域网。
（2）用两台交换机组建一个局域网。

四、实验原理

1．局域网概述

局域网是一种小型网络，通常布置在一个公司（或组织）的办公区域内。确切地说，局域网只是与广域网相对应的一个词，并没有严格的定义，一般方圆几千米以内的有限个通信设备互连在一起的通信网都可以称为局域网。这里的通信设备可以包括微型计算机、终端、外围设备、电话机、传真机等。局域网可以在网络软件的支持下实现相互通信和资源共享，如文件管理、应用软件共享、打印机共享、工作组内的日程安排、电子邮件和传真通信服务等功能。局域网是封闭的，可以由办公室内的两台计算机组成，也可以由一个公司内的数百台计算机组成。

通常计算机组网的传输媒介主要依赖铜缆或光缆，构成有线局域网。但有线网络在某些场合要受到布线的限制：布线、改线工程量大；线路容易损坏；网中各结点不可移动。特别是当要把相离较远的结点连接起来时，铺设专用通信线路布线施工难度大，费用高、耗时长，这些问题都对正在迅速扩大的联网需求形成了严重的瓶颈阻塞，限制了用户联网。

WLAN 可以比较好地解决以上问题。WLAN 利用电磁波在空气中发送和接收数据，而无须线缆介质。WLAN 的数据传输速率现在已经能够达到最高 450 Mbit/s，传输距离可远至 20 km 以上。无线联网方式是对有线联网方式的一种补充和扩展，使网上的计算机具有可移动性，能快速、方便地解决以有线方式不易实现的网络连通问题。

常见的局域网的拓扑结构有总线型、星型、环型和树型。

2. 局域网的 IP 地址

一个 IP 地址的 32 位数据被分成两段，通常把前面段当作网络部分，称为网络号或网络地址；后面段当作主机部分，称为主机号或主机地址。主机与具有相同网络地址的设备可以直接通信，与不具有相同网络地址的设备只能间接通信，需要通过路由器来中转数据，实现不同网络的主机互通。在没有路由器互连的情况下，即使共享相同的物理网段，网络号不同也无法进行通信。

IP 地址的网络号和主机号的划分是通过子网掩码来实现的。子网掩码的长度与 IP 地址长度相同，都是 32 位二进制数据，在子网掩码的 32 位数据中，某位为"1"表示 IP 地址中的对应位是网络号中的数据位；为"0"表示 IP 地址中的对应位是主机号中的数据位。将 IP 地址和子网掩码进行逻辑"与"运算，就得到 IP 地址中的网络号。网络号和主机号的计算示例如下：

IP 地址：192.168.1.20

子网掩码：255.255.255.192

第一步：将 IP 地址和子网掩码用二进制数据表示，即

IP 地址：　11000000　10101000　00000001　00010100

子网掩码：11111111　11111111　11111111　11000000

第二步：用子网掩码来对 IP 地址进行分段，"1"对应网络号，"0"对应主机号。

网络号　　　　　　　　　　　主机号

IP 地址：　11000000　10101000　00000001　00 | 010100

子网掩码：11111111　11111111　11111111　11 | 000000

从计算示例可以看到，子网掩码的作用就是确定 IP 地址中网络号和主机号的长度，前面有多少个"1"就表明 IP 地址中的网络号占有多少位。

为了方便，也可以直接在 IP 地址后面加"/"再加子网掩码中"1"的个数来表示 IP 地址和子网掩码。如上例中的 IP 地址和子网掩码可以写成 192.168.1.20/26。其中的 26 表示子网掩码中有连续 26 个"1"。

同一个局域网内的网络地址必须是相同的，但是作为同一个网络的主机地址必须是不同的。

3. 局域网的设置

默认情况下，交换机的所有端口都处于同一个 LAN，不需要做任何配置，交换机就能够实现数据链路层交换功能。对于简单的局域网，只需要设置局域网内计算机的 TCP/IP 属性和主机名。

对于计算机的 TCP/IP 属性可按照下列步骤进行设置：

（1）右击"网上邻居"图标，在弹出的快捷菜单中选择"属性"命令。

（2）右击"本地连接"图标，在弹出的快捷菜单中选择"属性"命令，如图 4-1 所示。

（3）在属性对话框中选择"Internet 协议（TCP/IP）"选项，如图 4-2 所示，单击"属性"按钮，弹出"Internet 协议（TCP/IP）属性"对话框，如图 4-3 所示。

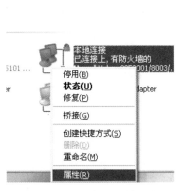

图 4-1 选择本地连接属性　　　　　图 4-2 选择 TCP/IP 属性

（4）选中"使用下面的 IP 地址"单选按钮，并根据组网规划设置计算机的 IP 地址和子网掩码，如图 4-3 所示。图中的 IP 地址为 10.65.1.1，子网掩码为 255.255.255.0。注意，同一网络内，要求所有主机 IP 地址的网络号相同，主机号不同。

设置计算机名和工作组名：

（1）右击"我的电脑"图标，在弹出的快捷菜单中选择"属性"命令，弹出"系统属性"对话框，切换到"计算机名"选项卡，单击"更改"按钮，如图 4-4 所示。

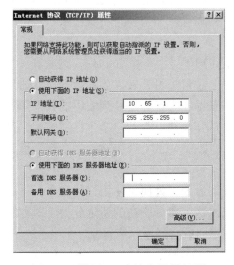

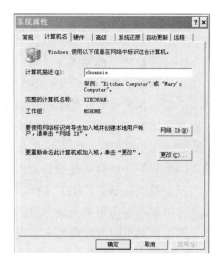

图 4-3 设置 IP 地址和子网掩码　　　　图 4-4 "系统属性"选项卡

（2）根据组网规划设置计算机名和工作组名，如图 4-5 所示，图示中设置的计算机名为 lan_1，工作组名为 NETWORK。单击"确定"按钮，设置生效。

注意：同一网络内，要求计算机名不同，工作组名相同。

4．以太网交换机及配置命令模式介绍

交换是按照通信两端传输信息的需要，用人工或设备自动完成的方法，把要传输的信息送到符合要求的相应路由上的技术的统称。以太网交换机就是一种在通信系统中完成信息交换功能的设备，它应用在数据链路层，有多个端口，每个端口都具有桥接功能，可以连接一个局域网或一台高性能服务器或工作站。

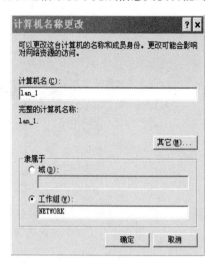

这里以华为交换机 Quidway 系列产品为例进行介绍。

交换机的三种模式如下：

（1）Access 模式：一般用来连接计算机与交换机。此模式下有一个 PVID 就是本端口所属的 VLAN 号，如果从链路上收到无标签的帧，则打上默认 VLAN 号，然后发给其他端口。如果从链路上收到有标签的帧，如果这个帧的 VLAN 等于 PVID，则直接发给其他端口；如果不等于 PVID，则直接丢弃。如果从其他端口收到一个有标签的帧，且 VLAN 等于 PVID，则直接剥离掉标签从此端口发出；如果此标签不等于 PVID，则直接丢弃。

图 4-5　　"计算机名称更改"对话框

（2）Trunk 模式：一般用于各交换机之间连接。此模式下有一个 PVID 和允许通过的 VLAN ID 列表。如果从链路上收到一个不带标签的帧，则直接打上 PVID 号，转发到其他端口；如果从链路上收到一个带标签的帧，且此帧的 VLAN 号在允许通过的 VLAN 列表里，则直接转发给其他端口。如果从其他端口收到一个带标签的帧，且此帧的 VLAN 等于 PVID，则直接剥离掉标签，并从此端口发出，如果不等于 PVID，则查看此帧的 VLAN 号是否在允许通过的 VLAN 列表里，如果在，则直接从此端口发出，否则丢弃。

（3）Hybrid 模式：此模式下，有一个默认的 PVID 号，一个 untagged 列表和一个 tagged 列表。如果从链路上收到一个无标签的帧，则打上 PVID 号，转发到其他端口；如果从链路上收到一个带标签的帧，且此帧的 VLAN 号在 untagged 或者 tagged 列表中的其中任意一个列表里，则直接转发到其他端口，否则丢弃。如果从其他端口收到一个带标签的帧，且此帧的 VLAN 号在 tagged 列表里，则直接从此端口发出；如果 VLAN 号在 untagged 列表里，则剥离掉帧的 VLAN 标签，然后从此端口发出。

以太网交换机一般都提供了多样的配置和查询命令，为便于使用这些命令，将命令按功能分类进行组织。当使用某个命令时，需要先进入这个命令所在的特定分类（即视图）。各命令行视图是针对不同的配置要求实现的，它们之间既有联系又有区别。

（1）命令视图：系统将命令行接口划分为若干个命令视图，系统的所有命令都注册在某个（或某些）命令视图下，只有在相应的视图下才能执行该视图下的命令。各命令视图的功能特性及进入各视图的命令等的细则如表 4-1 所示。

表 4-1　各命令视图的功能特性列表及进入各视图的命令等的细则

命 令 视 图	功　　能	提　示　符	进　入　命　令	退　出　命　令
用户视图	查看交换机的简单运行状态和统计信息	<Quidway>	与交换机建立连接即进入	quit 断开与交换机连接
系统视图	配置系统参数	[Quidway]	在用户视图下键入 system-view	quit 返回用户视图
千兆以太网接口视图	配置千兆以太网接口参数	[Quidway-GigabitEthernet6/1/0]	在系统视图下键入 interface gigabitethernet 6/1/0	quit 返回系统视图
AUX 口视图	配置 AUX 口参数	[Quidway-aux0/0/1]	在系统视图下键入 interface aux 0/0/1	quit 返回系统视图
Loopback 接口视图	配置 Loopback 接口参数	[Quidway-Loopback2]	在系统视图下键入 interface loopback 2	quit 返回系统视图
用户界面视图	管理交换机异步和逻辑接口	[Quidway-ui0]	在系统视图下键入 user-interface 0	quit 返回系统视图
RIP 协议视图	配置 RIP 协议参数	[Quidway-rip]	在系统视图下键入 rip	quit 返回系统视图
OSPF 协议视图	配置 OSPF 协议参数	[Quidway-ospf]	在系统视图下键入 ospf	quit 返回系统视图

（2）配置参考：

① 命令行在线帮助。在任一命令视图下，键入"?"获取该命令视图下所有的命令及其简单描述。

```
<Quidway> ?
```

键入一命令，后接以空格分隔的"?"，如果该位置为关键字，则列出全部关键字及其简单描述。

```
<Quidway> display ?
```

键入一命令，后接以空格分隔的"?"，如果该位置为参数，则列出有关的参数描述。

```
[Quidway] interface ethernet ?
  <3-3>  Slot number
[Quidway] interface ethernet 3?
  /
[Quidway] interface ethernet 3/?
  <0-0>
[Quidway] interface ethernet 3/0?
  /
[Quidway] interface ethernet 3/0/?
  <0-0>
[Quidway] interface ethernet 3/0/0 ?
  <cr>
```

说明：其中<cr>表示该位置无参数，在紧接着的下一个命令行该命令被复述，直接按【Enter】键即可执行。

键入一字符串，其后紧接"?"，列出以该字符串开头的所有命令。

```
<Quidway> d?
  debugging  delete  dir  display
```

键入一命令，后接一字符串紧接"?"，列出命令以该字符串开头的所有关键字。

```
<Quidway> display h?
history-command
```

说明： 输入命令的某个关键字的前几个字母，按下【Tab】键，可以显示出完整的关键字。前提是这几个字母可以唯一标识该关键字，不会与这个命令的其他关键字混淆。

② 命令行错误信息。用户键入的所有命令，如果通过语法检查，则执行；否则，向用户报告错误信息，如表 4-2 所示。

表 4-2　命令行错误信息

英文错误信息	错误原因
Unrecognized command	没有查找到命令
	没有查找到关键字
	参数类型错
	参数值越界
Incomplete command	输入命令不完整
Too many parameters	输入参数太多
Ambiguous command	输入参数不明确

③ 历史命令。命令行接口提供类似 Doskey 功能，将用户键入的历史命令自动保存，用户可以随时调用命令行接口保存的历史命令，并重复执行。在默认状态下，命令行接口为每个用户最多可以保存 10 条历史命令，如表 4-3 所示。

表 4-3　历史命令

操　作	按　键	结　果
显示历史命令	display history-command	显示用户键入的历史命令
访问上一条历史命令	上光标键或者【Ctrl+P】	如果还有更早的历史命令，则取出上一条历史命令，否则响铃警告
访问下一条历史命令	下光标键或者【Ctrl+N】	如果还有更晚的历史命令，则取出下一条历史命令，否则清空命令，响铃警告

④ 显示特性。命令行接口提供了如下的显示特性，为方便用户，提示信息和帮助信息可以用中英文两种语言显示。在一次显示信息超过一屏时，提供了暂停功能，这时用户可以有三种选择，如表 4-4 所示，表 4-5 是一些常用的基本配置命令。

表 4-4　命令行显示特性

按键或命令	功　能
暂停显示时按组合键【Ctrl+C】	停止显示和命令执行
暂停显示时按【Space】键	继续显示下一屏信息
暂停显示时按【Enter】键	继续显示下一行信息

表4-5 一些常用的基本配置命令

操　　作	命　　令
从用户视图进入系统视图	system-view
从系统视图返回到用户视图	quit
从任意的非用户视图返回到用户视图	return
设置交换机名	sysname switch name
显示系统版本	display version [slot-id]
显示起始配置信息	display saved-configuration
显示当前配置信息	display current-configuration
显示设备基本信息	display device [pic-status	slot-id]

五、实验过程与步骤

1. 用一台交换机组建局域网

两台计算机在没有连线连接之前，可以相互使用 ping 命令检测其连通性，看看能否连通。

（1）按照图 4-6 的网络拓扑结构连接好以太网交换机和计算机，计算机（PC1、PC2）与以太网交换机（S1）之间的连接线缆使用直通网线。

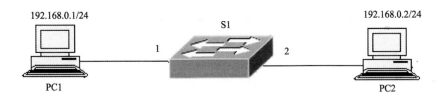

图 4-6 以太网交换机组网拓扑结构

（2）开启以太网交换机和计算机。

（3）配置计算机的 IP 地址：PC1 的 IP 地址为 192.168.0.1/24，PC2 的 IP 地址为 192.168.0.2/24。

（4）分别在 PC1 和 PC2 上使用 ping 命令检测其连通性。具体操作为：选择"开始"→"程序"→"附件"→"命令提示符"命令，进入 DOS 界面窗口，在计算机 1 中输入命令"ping 192.168.0.2"，在计算机 2 中输入命令"ping 192.168.0.1"。

如果检测结果为未连通，则需要进行故障诊断，主要从以下几个方面进行检测：

① 检查以太网交换机接口和计算机接口的指示灯，正常情况下为 LINK 灯长亮，ACT 灯闪烁。如果异常，则重新插拔网线。

② 检查网线是否为直通网线，必须保证计算机与以太网交换机之间使用直通网线。

③ 在计算机上使用 ipconfig 命令检查 IP 地址的设置情况，如果查看到的 IP 地址与设置的 IP 地址不符，则说明设置的 IP 地址未生效，需要重新设置正确的 IP 地址。

④ 交换机被划分了 VLAN，可以使用命令 display current-configuration 查看交换机配置情况，如果交换机所使用的两个端口刚好被划分在不同的 VLAN 下，则重新选择交换机端口，确保使用同一个 VLAN 下的两个端口。

（5）更改 PC1 的 IP 地址为 10.1.1.1/24，重新使用 ping 命令检查两台计算机之间的连通性。看还能连通否，想想是什么原因。

2．用两台交换机扩展局域网

（1）按照图 4-7 的网络拓扑结构连接好以太网交换机和计算机，计算机与以太网交换机之间的连接线缆使用直通网线，以太网交换机之间使用交叉网线。

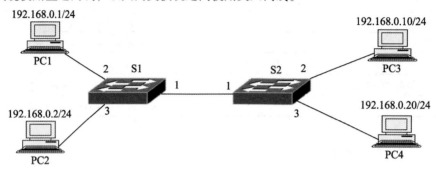

图 4-7   以太网交换机级联拓扑结构

（2）开启以太网交换机和计算机。

（3）配置计算机的 IP 地址：PC1 的 IP 地址为 192.168.0.1/24，PC2 的 IP 地址为 192.168.0.2/24，PC3 的 IP 地址为 192.168.0.10/24，PC4 的 IP 地址为 192.168.0.20/24。

（4）分别在 PC1、PC2、PC3、PC4 上使用 ping 命令检查本机到其他三台计算机的连通性，看是否能连通。

六、思考题

（1）实验过程与步骤 1 中，更改 PC1 的 IP 地址后，PC1 和 PC2 是否还能相互 ping 通？为什么？

（2）实验过程与步骤 2 中，两台以太网交换机下的四台计算机是否都能互通？为什么？

七、实验报告

请按照实验报告的格式要求（见附录 A）撰写实验报告。

实验 五
单交换机 VLAN 实验

一、实验目的

（1）掌握虚拟局域网的概念及应用。
（2）掌握虚拟局域网的划分方法。
（3）掌握交换机的常用配置命令及 VLAN 的配置过程。
（4）掌握基本网络故障的判断和解决方法。

二、实验设备

（1）计算机四台。
（2）支持 VLAN 功能的以太网交换机一台。
（3）直通网线四条。
（4）以太网交换机配置电缆两条。

三、实验内容

针对一台交换机划分 VLAN。

四、实验原理

1. 虚拟局域网概述

虚拟局域网（VLAN）是英文 virtual local area network 的缩写，指网络中的站点不拘泥于所处的物理位置，而是根据实际需要灵活地加入不同的逻辑子网中的一种网络技术。一个 VLAN 中的站点所发送的广播数据包仅被转发至属于同一个 VLAN 内的其他站点。

在交换式以太网中，各站点可以分别属于不同的 VLAN。构成 VLAN 的站点不拘泥于所处的物理位置，它们既可以挂接在同一交换机中，也可以挂接在不同的交换机中。VLAN 技术使得网络的拓扑结构变得非常灵活，例如位于不同楼层的用户或者不同部门的用户可以根据需要加入不同的 VLAN。

从图 5-1 所示的虚拟局域网的拓扑结构可看到，同一个交换机下的站点可以划分为同一个 VLAN，如 A1 和 A2；同一个交换机下的站点也可能不划分为同一个 VLAN，如 A1、B1 和 C1；不同交换机下的站点也可能划分为同一个 VLAN，如 C1、C2 和 C3。

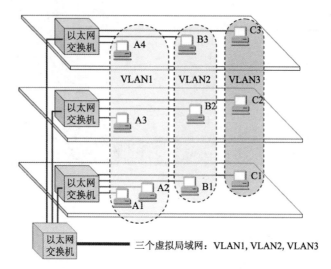

图 5-1　虚拟局域网的拓扑结构

2．划分虚拟局域网的目的

1）提升网络性能

现在常用的 Windows NetBEUI 是广播协议，当网络规模很大时，网上的广播信息会很多，会使网络性能恶化，甚至形成广播风暴，引起网络堵塞。因为广播信息是不会跨过虚拟局域网的，可以把广播限制在各个虚拟局域网的范围内，所以，划分虚拟局域网能减少整个网络范围内广播包的传输，缩小了广播域，提高了网络的传输效率，从而提高了网络性能。

2）提高网络安全

因为各虚拟局域网之间不能直接进行通信，而必须通过路由器转发，为高级的安全控制提供了可能，增强了网络的安全性。在大规模的网络中，如大的集团公司，有财务部、采购部和客户部等，它们之间的数据是保密的，相互之间只提供接口数据，通过划分虚拟局域网可实现对不同部门进行隔离。

3）增强组织结构

同一部门的人员分散在不同的物理地点，如集团公司的财务部在各子公司均有分部，但都属于财务部管理，虽然这些数据都是要保密的，但需要统一结算时，就可以跨地域（也就是跨交换机）将其设在同一虚拟局域网之中，实现数据安全、共享、集中化的管理控制。

4）简化网络管理

对于交换式以太网，如果对某些用户重新进行网段分配，需要网络管理员对网络系统的物理结构重新进行调整，甚至需要追加网络设备，增大网络管理的工作量。而对于采用 VLAN 技术的网络来说，一个 VLAN 可以根据部门职能、对象组或者应用将不同地理位置的网络用户划分为一个逻辑网段。在不改动网络物理连接的情况下可以任意地将工作站在工作组或子网之间移动。利用虚拟网络技术，大大减轻了网络管理和维护工作的负担，降低了网络维护费用。在一个交换网络中，VLAN 提供了网段和机构的弹性组合机制。

3．划分虚拟局域网的方法

基于交换式的以太网要实现虚拟局域网，主要有以下几种途径：

1）基于端口的 VLAN

基于端口的 VLAN 是最实用的 VLAN，它保持了最普通常用的 VLAN 成员定义方法，配置也相当直观、简单。同一个 VLAN 的站点具有相同的网络地址，不同的 VLAN 之间进行通信需要通过路由器。采用这种方式的 VLAN 的不足之处是灵活性不好。例如，当一个网络站点从一个端口移动到另外一个新的端口时，如果新端口与旧端口不属于同一个 VLAN，则必须对交换机的 VLAN 进行重新划分，否则，该站点将无法与原 VLAN 下的主机进行网络通信。在基于端口的 VLAN 中，每个交换端口可以属于一个或多个 VLAN 组，比较适用于连接服务器。

2）基于 MAC 地址的 VLAN

在基于 MAC 地址的 VLAN 中，交换机对站点的 MAC 地址和交换机端口进行跟踪，在新站点入网时根据需要将其划归至某一个 VLAN，而无论该站点在网络中怎样移动，由于其 MAC 地址保持不变，因此用户不需要进行网络地址的重新配置。这种 VLAN 技术的不足之处是在站点入网时，需要对交换机进行比较复杂的手工配置，以确定该站点属于哪一个虚拟局域网。

3）基于 IP 地址的 VLAN

在基于 IP 地址的 VLAN 中，新站点在入网时无须进行太多配置，交换机则根据各站点的 IP 地址自动将其划分成不同的 VLAN。在这种 VLAN 的实现技术中，智能化程度高，实现起来也比较复杂，以太网交换机设备需要处理网络层的数据内容。

4）根据 IP 组播划分 VLAN

IP 组播实际上也是一种 VLAN 的定义，即认为一个组播组就是一个 VLAN，这种划分的方法将 VLAN 扩大到了广域网，因此这种方法具有更大的灵活性，而且也很容易通过路由器进行扩展。当然这种方法不适合局域网，主要是效率不高。

5）基于规则的 VLAN

基于规则的 VLAN，是最灵活的 VLAN 划分方法，具有自动配置的能力，能够把相关的用户连成一体，在逻辑划分上称为"关系网络"。网络管理员只需在网管软件中确定划分 VLAN 的规则（或属性）。当一个站点加入网络中时，将会被"感知"，并被自动地包含进正确的 VLAN 中，对站点的移动和改变也可自动识别和跟踪。

4. 虚拟局域网的实现原理

虚拟局域网协议允许在以太网的帧格式中插入一个 4 B 的标识符，称为 VLAN 标记（tag），如图 5-2 所示，该标记用来指明发送该帧的站点属于哪一个虚拟局域网。当一个站点发送数据到以太网交换机后，交换机记录该数据帧中的 VLAN 标记，并判断是否与目的地址的 VLAN 编号相同，如果相同，则转发该数据包；如果不同，则不会直接转发，从而实现 VLAN 间的数据隔离。

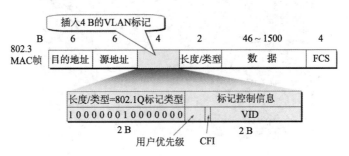

图 5-2　虚拟局域网使用的以太网帧格式

五、实验过程与步骤

（1）按照图5-3所示拓扑结构连接好计算机和以太网交换机（S1），PC1、PC2、PC3和PC4分别接以太网交换机的1、2、3和4接口，计算机与以太网交换机之间使用直通网线连接。

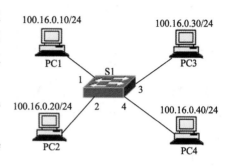

图5-3 单一交换机网络拓扑结构

（2）按照图5-3的IP地址规划，设置四台计算机的IP地址。

（3）选择一台计算机作为配置计算机，用console线缆（配置线缆）连接配置计算机和以太网交换机。

（4）接通以太网交换机电源。

（5）在配置计算机上打开超级终端配置界面，对交换机进行VLAN设置。选择"开始"→"程序"→"附件"→"通信"→"超级终端"命令，打开配置计算机的超级终端配置界面，对交换机进行VLAN设置。在图5-4"连接描述"对话框输入一个名称，然后其他界面都单击"确定"按钮，进入图5-5所示的配置界面。

说明：Win 7、Win 8、Win 10需用户自行安装超级终端软件。

图5-4 "连接描述"对话框

图5-5 配置界面

（6）选择"开始"→"运行"命令，在其中键入cmd命令，打开命令行窗口，使用ping命令检测四台计算机之间的网络连通性，四台计算机应该都能相互ping通，如图5-6所示。

图5-6 计算机ping通界面

华为以太网交换机的配置过程（以华为 S5700 型交换机为例，<CR>表示回车）：

① 以太网交换机加电，超级终端上显示以太网交换机自检信息，自检结束后提示用户键入回车，之后将进入用户视图。在用户视图下键入 system-view 命令后进入系统视图。

```
<Quidway> <CR>
```

② 把以太网交换机的 1 和 3 端口设置为普通访问模式。

```
[Quidway] interface GigabitEthernet 0/0/1 <CR>
[Quidway-GigabitEthernet0/0/1] port link-type access <CR>
[Quidway-GigabitEthernet0/0/1] quit <CR>
[Quidway] interface GigabitEthernet 0/0/3<CR>
[Quidway-GigabitEthernet0/0/3] port link-type access <CR>
[Quidway-GigabitEthernet0/0/3] quit <CR>
```

③ 给以太网交换机添加 VLAN10，把以太网交换机的 1 和 3 端口加到 VLAN10 中。

```
[Quidway] vlan 10 <CR>
[Quidway-vlan10] port gigabitethernet 0/0/1   0/0/3 <CR>
[Quidway-vlan10] quit <CR>
```

④ 把以太网交换机的 2 和 4 端口设置为普通访问模式。

```
[Quidway] interface GigabitEthernet 0/0/2 <CR>
[Quidway-GigabitEthernet0/0/2] port link-type access <CR>
[Quidway-GigabitEthernet0/0/2] quit <CR>
[Quidway] interface GigabitEthernet 0/0/4 <CR>
[Quidway-GigabitEthernet0/0/4] port link-type access <CR>
[Quidway-GigabitEthernet0/0/4] quit <CR>
```

⑤ 给以太网交换机添加 VLAN20，把以太网交换机的 2 和 4 端口加到 VLAN20 中。

```
[Quidway] vlan 20 <CR>
[Quidway-vlan20] port gigabitethernet 0/0/2  0/0/4 <CR>
[Quidway-vlan20] quit <CR>
```

（7）配置完成后，PC1、PC2、PC3 和 PC4 分别各自 ping 另外三台 PC，看哪些能够 ping 通，哪些不能 ping 通？按照图 5-7 所示的拓扑结构连接，PC1 和 PC3 能 ping 通，PC2 和 PC4 能 ping 通，但是 PC1 和 PC2、PC4 不能 ping 通，PC3 和 PC2、PC4 也不能 ping 通。

（8）VLAN 设置成功。

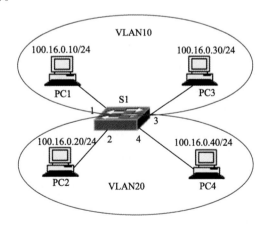

图 5-7 划分成 VLAN 的网络拓扑结构

六、思考题

（1）同一个 VLAN 下的计算机拥有不同的网络地址，是否能够实现互通？为什么？

（2）同一台交换机下的不同 VLAN 的计算机是否能够实现互通？为什么？

（3）交换机的同一个端口是否可以被划分到多个 VLAN？

七、实验报告

请按照实验报告的格式要求（见附录 A）撰写实验报告。

实验 六

跨交换机 VLAN 实验

一、实验目的

（1）掌握虚拟局域网的概念及应用。

（2）掌握虚拟局域网的划分方法。

（3）掌握交换机的常用配置命令及 VLAN 的配置过程。

（4）掌握基本网络故障的判断、解决方法。

二、实验设备

（1）计算机四台。

（2）支持 VLAN 功能的以太网交换机两台。

（3）交叉网线一条。

（4）直通网线四条。

（5）以太网交换机配置电缆两条。

三、实验内容

针对级联交换机划分 VLAN。

四、实验原理

参见实验五。

五、实验过程与步骤

（1）按照图 6-1 拓扑结构连接好计算机和以太网交换机，PC1 和 PC2 分别接 S1 的 1 和 2 接口，PC3 和 PC4 分别接 S2 的 1 和 2 接口，S1 的 3 接口接 S2 的 3 接口。计算机与以太网交换机之间使用直通网线连接，以太网交换机之间使用交叉网线连接。

（2）按照图 6-1 的 IP 地址规划，设置四台计算机的 IP 地址。然后用 ping 命令进行连通测试，发现四台 PC 都能连通（具体原因请读者自己思考）。

（3）分别选择两台计算机作为配置计算机，用 console 线缆（配置线缆）连接两台配置计算机和两台以太网交换机。

（4）接通以太网交换机电源。

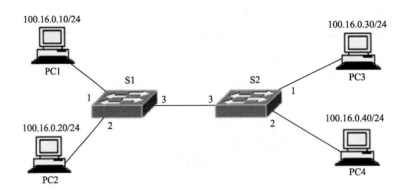

图 6-1　跨交换机的 VLAN 网络拓扑结构

（5）打开配置计算机的超级终端配置界面，对交换机进行 VLAN 设置。选择"开始"→"程序"→"附件"→"通信"→"超级终端"命令，打开配置计算机的超级终端配置界面，对交换机进行 VLAN 设置。在图 6-2"连接描述"对话框输入一个名称，然后单击"确定"按钮，在随后出现的界面都单击"确定"按钮，进入图 6-3 所示的配置界面。

图 6-2　"连接描述"对话框

图 6-3　配置界面

华为以太网交换机的配置过程（以华为 S5700 型交换机为例）如下。

① S1 的配置：

a. 进入系统视图。

```
< Quidway > system-view  <CR>
```

b. 设置交换机 1 和 2 端口访问模式。

```
[Quidway] interface GigabitEthernet 0/0/1 <CR>
[Quidway-GigabitEthernet0/0/1] port link-type access  <CR>
[Quidway-GigabitEthernet0/0/1] quit  <CR>
[Quidway] interface GigabitEthernet 0/0/2 <CR>
[Quidway-GigabitEthernet0/0/2] port link-type access  <CR>
[Quidway-GigabitEthernet0/0/2] quit  <CR>
```

c. 建立 VLAN10，并添加端口 1 到 VLAN10 中。

```
[Quidway]vlan 10 <CR>
[Quidway-vlan10] port gigabitethernet 0/0/1 <CR>
[Quidway-vlan10] quit  <CR>
```

d. 建立 VLAN20，并添加端口 2 到 VLAN20 中。

```
[Quidway]vlan 20 <CR>
[Quidway-vlan20] port gigabitethernet 0/0/2 <CR>
[Quidway-vlan20] quit  <CR>
```

e. 设置主干链路。

```
[Quidway]interface GigabitEthernet 0/0/3<CR>
[Quidway-GigabitEthernet0/0/3] port link-type trunk <CR>
[Quidway-GigabitEthernet0/0/3] port trunk allow-pass vlan 10 20<CR>
```

② S2 的配置：

a. 进入系统视图。

```
<Quidway > system-view <CR>
```

b. 设置交换机 1 和 2 端口访问模式。

```
[Quidway] interface GigabitEthernet 0/0/1 <CR>
[Quidway-GigabitEthernet0/0/1] port link-type access <CR>
[Quidway-GigabitEthernet0/0/1] quit  <CR>
[Quidway] interface GigabitEthernet 0/0/2 <CR>
[Quidway-GigabitEthernet0/0/2] port link-type access <CR>
[Quidway-GigabitEthernet0/0/2] quit  <CR>
```

c. 建立 VLAN10，并添加端口 1 到 VLAN10 中。

```
[Quidway]vlan 10 <CR>
[Quidway-vlan10] port gigabitethernet 0/0/1 <CR>
[Quidway-vlan10] quit  <CR>
```

d. 建立 VLAN20，并添加端口 2 到 VLAN20 中。

```
[Quidway]vlan 20 <CR>
[Quidway-vlan20] port gigabitethernet 0/0/2<CR>
[Quidway-vlan20] quit  <CR>
```

e. 设置主干链路。

```
[Quidway]interface GigabitEthernet 0/03 <CR>
[Quidway-GigabitEthernet0/0/3] port link-type trunk <CR>
[Quidway-GigabitEthernet0/0/3] port trunk allow-pass vlan 10 20<CR>
```

（6）配置完成后，将四台计算机划分为图 6-4 所示的两个 VLAN，再使用 ping 命令检测四台计算机之间的网络连通性，看结果和前面的是否一样。

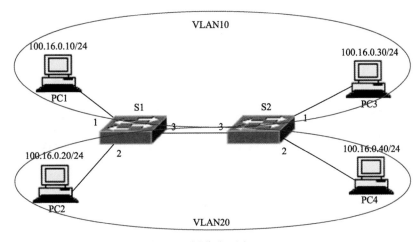

图 6-4　划分为两个 VLAN

六、思考题

（1）为什么要对图 6-1 中跨交换机的链路设置为主干链路？

（2）以太网交换机的同一个端口是否可以同时被划分到多个 VLAN 中？

（3）划分好 VLAN1 和 VLAN2 后，哪些计算机能彼此连通？哪些计算机不能彼此连通？

七、实验报告

请按照实验报告的格式要求（见附录 A）撰写实验报告。

实验 七

MAC 地址转发表管理实验

一、实验目的

（1）通过 MAC 地址转发表，理解交换机的基于 MAC 地址转发表的工作过程。

（2）掌握添加静态 MAC 地址的方法。

二、实验设备

（1）计算机两台。

（2）交换机一台。

（3）网线若干条。

三、实验内容

对 MAC 地址转发表进行管理。

四、实验原理

1. MAC 地址

MAC（medium/media access control）地址又称硬件地址，即网络适配器（网卡）地址，用来表示互联网上每一个站点的标识符（EUI-48），采用十六进制数表示，共 6 B（48 位）。其中，前三字节是由 IEEE 的注册管理机构 RA 负责给不同厂家分配的代码（高位 24 位），又称编制上唯一的标识符；后三字节（低位 24 位）由各厂家自行指派给生产的适配器接口，称为扩展标识符（唯一性）。同一个厂家生产的网卡中，MAC 地址后 24 位是不同的。形象地说，MAC 地址就如同身份证上的身份证号码一样，具有全球唯一性。

MAC 地址对应于 OSI 参考模型的第二层数据链路层，工作在数据链路层的交换机维护着计算机 MAC 地址和自身端口的数据库，交换机根据收到的数据帧中的"目的 MAC 地址"字段来转发数据帧。网卡的物理地址通常是由网卡生产厂家烧入网卡的 EPROM（一种闪存芯片，通常可以通过程序擦写），它存储的是传输数据时真正赖以标识发出数据和接收数据的主机的地址。也就是说，在网络底层的物理传输过程中，是通过物理地址来识别主机的，它一定是全球唯一的。

在一个稳定的网络中，IP 地址和 MAC 地址是成对出现的。如果一台计算机要和网络中另一台计算机通信，那么要配置这两台计算机的 IP 地址，MAC 地址是网卡出厂时设定的，这样配置的 IP 地址就和 MAC 地址形成了一种对应关系。在数据通信时，IP 地址负责表示计算机的网络层地址，网络层设备（如路由器）根据 IP 地址来进行操作；MAC 地址负责表示计算机的数据链路层地址，数据链路层设备（如交换机）根据 MAC 地址来进行操作。IP 地址和 MAC 地址这种映射关系由 ARP（address resolution protocol，地址解析协议）完成。两者之间分工明确，默契合作，完成通信过程。IP 地址专注于网络层，将数据包从一个网络转发到另外一个网络；而 MAC 地址专注于数据链路层，将一个数据帧从一个结点传送到相同链路的另一个结点。

2．交换机转发表

交换机中有一张 MAC 地址转发表，记录了 MAC 地址和交换机端口的对应关系，一个端口可以对应多个 MAC 地址，但一个 MAC 地址不能对应多个端口。这就使得交换机具备多级级联的能力，每个交换机在转发报文的时候只需要知道这个目的 MAC 地址可以从哪一个端口转发出去就行了，然后就把帧往这个端口发，至于后面的设备怎么处理它并不关心，就这样一级一级转发。当某台主机的网卡连接的交换机把帧发到网卡以后，网卡查看目的 MAC 地址，若是本机的 MAC 地址就解封装，交由三层协议栈进行处理。

交换机的这张 MAC 地址表是怎么建立的呢？一部分是根据主机主动发起请求的报文，把源 MAC 地址和接收到数据帧的那个端口建立对应关系，另一部分在收到报文的时候如果 MAC 表里还没有这个目的 MAC，那么就在除了收到这个报文的端口以外的其他端口进行一次洪泛，等待目的 MAC 的终端响应，然后再将 MAC 地址和端口的对应关系写进地址转发表中。

五、实验过程与步骤

（1）在发生通信前进入超级终端控制台界面，用命令 display mac-address 查看 MAC 地址转发表，结果为空，显示信息如图 7-1 所示。

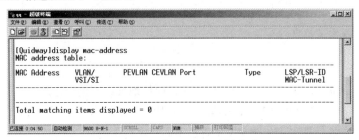

图 7-1　查看 MAC 地址转发表

（2）根据图 7-2 所示的拓扑结构连接好网络，PC1 连接到交换机的 1 号口，PC2 连接到交换机的 2 号口，然后启动计算机和交换机，并根据拓扑结构在两台计算机上配置好各自的 IP 地址。

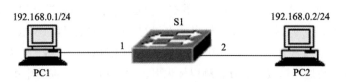

图 7-2　利用交换机连接两个计算机

（3）在计算机 PC1 和 PC2 的 DOS 命令提示符下，分别用命令 ipconfig/all 查看各自网卡的 MAC 地址，如图 7-3、图 7-4 所示，并分别向对方计算机用 ping 命令测试连通性。

图 7-3 PC1 的 MAC 地址

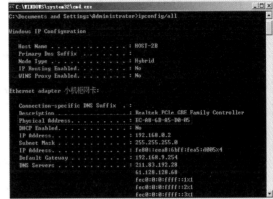

图 7-4 PC2 的 MAC 地址

（4）再在超级终端控制台界面，用命令 display mac-address 查看 MAC 地址转发表，如图 7-5 所示。可以看到 PC1 和 PC2 的 MAC 地址出现在交换机的转发表中，分别对应交换机的 1 号口和 2 号口。

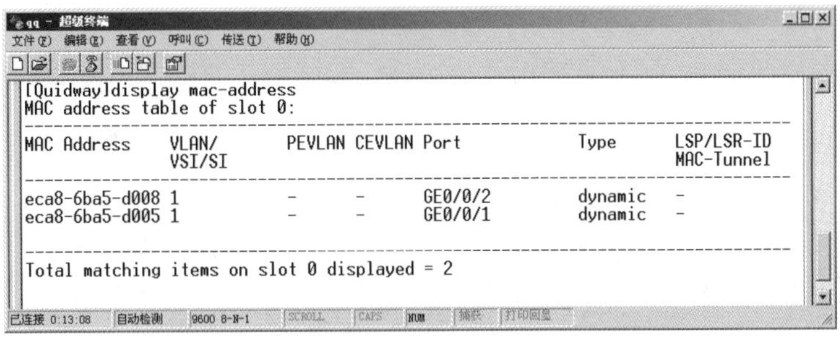

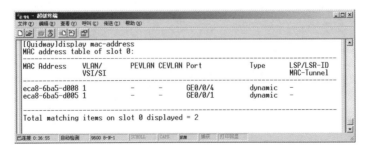

图 7-5 再次查看 MAC 地址转发表

这是一个自学习数据帧源地址的过程。在 PC1 上用 ping 命令对主机 PC2 发送信息时，由于转发表为空，没有任何匹配信息，所以交换机向除源端口外的所有端口广播此帧，最终 PC2 会收到该数据帧。交换机学习到了该帧的源地址（eca8-6ba5-d005），则将 eca8-6ba5-d005→GE0/0/1 这样一条映射关系列入转发表中。同理，PC2 响应 PC1 时也是同样的过程。

（5）现将 PC2 的连线接到交换机的 4 号口，再在 P1 上用 ping 命令测试和 PC2 的连通性，然后在超级终端控制台界面，用命令 display mac-address 查看 MAC 地址转发表，结果如图 7-6 所示。

```
[Quidway]display mac-address
MAC address table of slot 0:

MAC Address      VLAN/       PEVLAN CEVLAN Port        Type      LSP/LSR-ID
                 VSI/SI                                          MAC-Tunnel

eca8-6ba5-d008 1     -      -     GE0/0/4     dynamic   -
eca8-6ba5-d005 1     -      -     GE0/0/1     dynamic   -

Total matching items on slot 0 displayed = 2
```

图 7-6 换了接口再次查看 MAC 地址转发表

注意：当交换机转发表中没有目的 MAC 地址对应的端口时，交换机会把信息转发给同一个 VLAN 中的所有端口。

六、思考题

如果将实验中的 PC2 的 IP 地址改为 192.168.9.2，这样 PC1 能 ping 通 PC2 吗？如果不通，原因是什么？

七、实验报告

请按照实验报告的格式要求（见附录 A）撰写实验报告。

实验 八

路由器基本配置及直连路由实验

一、实验目的

（1）了解路由器的常用配置命令。

（2）学习路由器的基本连接和配置。

（3）能够利用路由器实现两个子网的通信。

二、实验设备

（1）计算机两台。

（2）路由器一台。

（3）直通网线两条。

（4）路由器配置电缆（console 线缆）一条。

三、实验内容

（1）使用路由器的常用配置命令配置路由器。

（2）使用路由器连接两个通信子网。

四、实验原理

1. 路由器

路由器（router）是连接因特网中各局域网、广域网的设备，它会根据信道的情况自动选择和设定路由，以最佳路径，按先后顺序发送信号。目前路由器已经广泛应用于各行各业，各种不同档次的产品已成为实现各种骨干网内部连接、骨干网间互联和骨干网与互联网互联互通业务的主力军。路由器和交换机之间的主要区别就是交换机发生在 OSI 参考模型第二层（数据链路层），而路由器发生在第三层（网络层）。这一区别决定了路由器和交换机在移动信息的过程中需要使用不同的控制信息，两者实现各自功能的方式是不同的。

路由器又称网关设备（gateway），用于连接多个逻辑上分开的网络。所谓逻辑网络是代表一个单独的网络或者一个子网。当数据从一个子网传输到另一个子网时，可通过路由器的路由功能来完成。因此，路由器具有判断网络地址和选择 IP 路径的功能，它能在多网络互连环境中，建立灵活的连接，可用完全不同的数据分组和介质访问方法连接各种子网，路由器只接受源站或其他路由器的信息，属于网络层的一种互连设备。

2. 路由器的启动过程

路由器里也有软件在运行,可以等同地认为它就是路由器的操作系统,像PC上使用的Windows系统一样,路由器的操作系统完成路由表的生成和维护。

同样的,作为路由器来讲,也有一个类似于PC系统中BIOS一样作用的部分,称为MiniIOS。MiniIOS可以使用户在路由器的Flash中不存在IOS时,先引导起来,进入恢复模式,来使用TFTP/X-MODEM等方式去给Flash中导入IOS文件。尽管路由器厂商很多,而且生产的路由器也各具特色,但其启动过程大致相同,具体的启动过程如图8-1所示。

(1)路由器在加电后首先会进行POST(power on self test)。即运行ROM中的加电自检程序,检查路由器的处理器、内存及接口等硬件设备。

(2)POST完成后,首先读取ROM里的BootStrap程序进行初步引导。

(3)初步引导完成后,尝试定位并读取完整的IOS镜像文件。在这里,路由器将会首先在Flash中查找IOS文件,如果找到了IOS文件,则读取IOS文件,引导路由器。

(4)如果在Flash中没有找到IOS文件,则路由器将会进入BOOT模式,在BOOT模式下可以使用TFTP上的IOS文件。或者使用TFTP/X-MODEM来给路由器的Flash中传一个IOS文件。传输完毕后重新启动路由器,路由器就可以正常启动到CLI(command line interface)模式。

(5)当路由器初始化完成IOS文件后,就会开始在NVRAM中查找STARTUP-CONFIG文件,STARTUP-CONFIG称为启动配置文件。该文件里保存了用户对路由器所做的所有的配置和修改。当路由器找到了这个文件后,路由器就会加载该文件里的所有配置,并且根据配置来学习、生成、维护路由表,并将所有的配置加载到RAM(路由器的内存)里后,进入用户模式,最终完成启动过程。

(6)如果在NVRAM中没有STARTUP-CONFIG文件,则路由器会进入询问配置模式,也就是俗称的问答配置模式。在该模式下,所有关于路由器的配置都可以以问答的形式进行配置。不过一般情况下用户不用这样的模式,一般都会进入CLI命令行模式后对路由器进行配置。

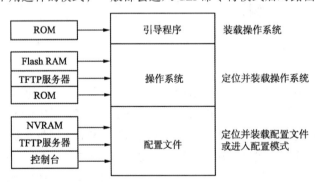

图 8-1　路由器的启动过程

3. 路由器的配置命令模式

与交换机的配置类似,路由器也有许多配置命令模式。而且市面上典型厂商的配置命令模式区别不大,下面以华为路由器Quidway系列产品为例进行简要介绍。

1)命令视图

系统将命令行接口划分为若干个命令视图,系统的所有命令都注册在某个(或某些)命令视图下，只有在相应的视图下才能执行该视图下的命令。表 8-1 所示为各命令视图的功能特性及进入各视图命令的细则。

表 8-1　各命令视图的功能特性及进入各视图命令的细则

命令视图	功　能	提　示　符	进　入　命　令	退出命令
用户视图	查看路由器的简单运行状态和统计信息	<Quidway>	与路由器建立连接即进入	quit 断开与路由器连接
系统视图	配置系统参数	[Quidway]	在用户视图下键 system-view	quit 返回用户视图
千兆以太网接口视图	配置千兆以太网接口参数	[Quidway-GigabitEthernet0/0/1]	在系统视图下键入 interface gigabitethernet 0/0/1	quit 返回系统视图
AUX 口视图	配置 AUX 口参数	[Quidway-aux0/0/1]	在系统视图下键入 interface aux 0/0/1	quit 返回系统视图
Loopback 接口视图	配置 Loopback 接口参数	[Quidway-Loopback2]	在系统视图下键入 interface loopback 2	quit 返回系统视图
用户界面视图	管理路由器异步和逻辑接口	[Quidway-ui0]	在系统视图下键入 user-interface 0	quit 返回系统视图
RIP 协议视图	配置 RIP 协议参数	[Quidway-rip-1]	在系统视图下键入 rip	quit 返回系统视图
OSPF 协议视图	配置 OSPF 协议参数	[Quidway-ospf-1]	在系统视图下键入 ospf	quit 返回系统视图
IS-IS 协议视图	配置 IS-IS 协议参数	[Quidway-isis-1]	在系统视图下键入 isis	quit 返回系统视图
BGP 协议视图	配置 BGP 协议参数	[Quidway-bgp]	在系统视图下键入 bgp 1	quit 返回系统视图

2）配置参考

（1）命令行在线帮助。在任一命令视图下，键入"?"获取该命令视图下所有的命令及其简单描述。

```
<Quidway> ?
```
键入一命令，后接以空格分隔的"?"，如果该位置为关键字，则列出全部关键字及其简单描述。

```
<Quidway> display ?
```
键入一命令，后接以空格分隔的"?"，如果该位置为参数，则列出有关的参数描述。

```
[Quidway] interface gigabitethernet ?
  <0-0> GigabitEthernet interface slot number
```
键入一字符串，其后紧接"?"，列出以该字符串开头的所有命令。

```
<Quidway> d?
debugging   delete   dialer   dir display
```
键入一命令，后接一字符串紧接"?"，列出命令以该字符串开头的所有关键字。

```
<Quidway> display h?
hdlc health history-command hotkey hwtacacs-server
```

说明：输入命令的某个关键字的前几个字母，按下【Tab】键，可以显示出完整的关键字。前提是这几个字母可以唯一标示该关键字，不会与这个命令的其他关键字混淆。

（2）命令行错误信息。具体可参考实验四中表 4-2。

（3）历史命令。具体可参考实验四中表 4-3。

（4）显示特性。具体可参考实验四中表 4-4。

（5）基本配置命令见表 8-2。

表 8-2　基本配置命令

操　作	命　令
从用户视图进入系统视图	system-view
从系统视图返回到用户视图	quit
从任意的非用户视图返回到用户视图	return
设置路由器名	sysname routername
显示系统版本	display version [slot-id]
显示起始配置信息	display saved-configuration
显示当前配置信息	display current-configuration
显示设备基本信息	display device [pic-status	slot-id]

五、实验过程与步骤

（1）根据图 8-2 所示的网络拓扑结构，连接好网络，PC1 连接到路由器的 1 号口，PC2 连接到路由器的 2 号口，根据图 8-3 所示，使用 console 线连接路由器到任意一台配置计算机，然后启动计算机和路由器。

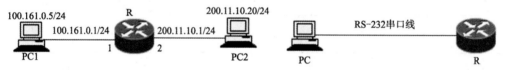

图 8-2　利用路由器连接两个子网　　　　图 8-3　Console 线连接 PC 和路由器

（2）按照图 8-2 配置好计算机的 IP 地址。注意，计算机的默认网关一定要设置，默认网关选择该计算机所在的子网所连接的路由器端口地址。如 PC1 的默认网关设置为 100.161.0.1，PC2 的默认网关设置为 200.11.10.1。配好 IP 地址后，在两台计算机上使用 ping 命令测试网络连通性，看能否连通。

（3）在配置计算机上打开超级终端。在超级终端控制台上会显示路由器的启动信息（根据路由器的不同，显示的信息也有区别）。

（4）利用超级终端配置路由器。配置完成后，分别在计算机上使用 ping 命令测试网络连通性，包括 ping 网关，ping 不同子网的计算机等。

华为路由器的配置(以华为路由器 AR2240 为例，设路由器名为 Huawei)：

（1）进入系统视图：

```
<Huawei> system-view
```

（2）配置千兆以太网接口 1 的 IP 地址及工作模式，并打开端口：

```
[Huawei]interface  gigabitethernet  0/0/0
[Huawei-gigabitethernet0/0/0]ip address 100.161.0.1  255.255.255.0
[Huawei-gigabitethernet0/0/0]quit
```

（3）配置千兆以太网接口 2 的 IP 地址及工作模式，并打开端口：

```
[Huawei]interface  gigabitethernet  0/0/1
[Huawei-gigabitethernet0/0/1]ip address  200.11.10.1  255.255.255.0
[Huawei-gigabitethernet0/0/1]quit
```

（4）查看两个千兆以太网接口的配置情况：

```
[Huawei] display current-configuration
```

六、思考题

（1）不同子网的计算机为什么能够互通？

（2）设置计算机的 IP 地址时，不设置网关地址是否能够实现不同子网的互通？

（3）如果 ping 网关不通，子网之间能够互通吗？

七、实验报告

请按照实验报告的格式要求（见附录 A）撰写实验报告。

实验 九

路由信息协议（RIP）实验

一、实验目的

（1）掌握动态路由的概念。

（2）掌握 RIP 动态路由的算法。

（3）掌握路由器 RIP 配置方法。

（4）掌握广域网的通信方式。

（5）掌握路由器接口及相关配置方法。

二、实验设备

（1）计算机两台。

（2）路由器两台。

（3）网线若干条。

三、实验内容

（1）使用路由器组网。

（2）使用 RIP 路由算法，实现各通信子网互通。

四、实验原理

因特网的规模非常大，如果让所有的路由器知道所有的网络应怎样到达，则这种路由表将非常大，处理起来耗时较长。而所有这些路由器之间交换路由信息所需的带宽就会使因特网的通信链路饱和。另外，许多单位不愿意外界了解自己单位网络的布局细节和本部门所采用的路由选择协议，因此，因特网采用分层次的路由选择协议。

1. 自治系统

在互联网中，一个自治系统（autonomous system，AS）是一个有权自主决定本系统中的网络应采用何种路由协议的小型单位管理下的路由器和网络群组。它可以是一个路由器直接连接到一个 LAN 上，同时也连接到 Internet 上；它可以是一个由企业骨干网互联的多个局域网。在一个自治系统中的所有路由器必须相互连接，运行相同的路由协议，同时分配一个自治系统编号，它是一个单独的可管理的网络单元（例如一所大学、一个企业或者一个公司个体）。一个自治系统有时也被称为是一个路由选择域（routing domain），分配一个全局的、唯一的号码，通常把这个号码称为自治系统号（ASN）。自治系统之间的链接使用外部路由协议，例如BGP。

一个自治系统网络内部进行路由信息的通信使用内部网关协议（internal gateway protocol，IGP），而各个自治系统网络之间是通过边界网关协议（border gateway protocol，BGP）来共享路由信息的。它们之间的关系如图9-1所示。

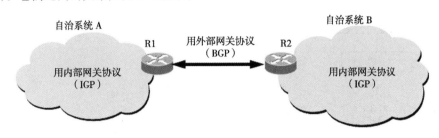

图9-1　自治系统与网关协议

2．RIP协议

RIP协议的全称是路由信息协议（routing information protocol），它是一种内部网关协议，用于一个自治系统内的路由信息的传递。RIP协议基于距离向量算法（D-V），总是按最短的路径做出路由选择。距离范围限制在15以内，适用于小型网络。

1）距离的定义

RIP协议中的距离与路径中的路由器数量直接相关。从路由器到直接连接的网络的距离定义为1。到非直接连接的网络的距离定义为所经过的路由器数加1。RIP协议中的"距离"又称"跳数"（hop count），因为每经过一个路由器，跳数就加1。当到目的网络有多条路径时，选择"距离"最短的路径，即"跳数"最少的路径。

RIP协议允许一条路径最多只能包含15个路由器，即距离最大值只能达到16。可见，RIP协议只适用于小型互联网。

RIP协议不能在两个网络之间同时使用多条路径。只选择一个具有最少路由器的路径（即最短路由），哪怕还存在另一条高速（低时延）但路由器较多的路径。

2）路由表的建立

路由器在刚刚开始工作时，只知道到直接连接的网络的距离（此距离定义为1）。以后，每一个路由器和数目非常有限的相邻路由器交换并更新路由信息，交换的信息是当前本路由器所知道的全部信息，即自己的路由表。经过若干次更新后，所有的路由器最终都会知道到达本自治系统中任何一个网络的最短距离和下一跳路由器的地址。路由表包含的主要信息包括目的网络、距离和下一跳地址，如表9-1所示。

表9-1　RIP协议建立的路由表

目的网络	距离	下一跳地址
××××	×	××××
……	……	……

RIP协议的收敛（convergence）过程较快，即在自治系统中所有的结点都得到正确的路由选择信息的过程。

3）距离向量算法

路由器收到相邻路由器的一个 RIP 报文后，按照图 9-2 所示的流程进行处理。为了叙述方便，与本路由器相连的邻居路由器接口地址取名为 X。

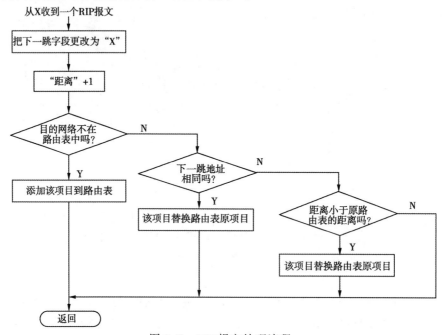

图 9-2　RIP 报文处理流程

若 3 min 还没有收到相邻路由器的更新路由表，则把此相邻路由器记为不可达路由器，即将距离置为 16（距离为 16 表示不可达）。

3. RIP 协议局限性

RIP 协议因其原理及实现简单，几乎所有的路由器都实现了这种动态路由协议，但这种协议存在着先天局限性。

（1）协议中规定，一条有效的路由信息的度量（metric）不能超过 15，这就使得该协议不能应用于很大型的网络，应该说正是由于设计者考虑到该协议只适合于小型网络所以才进行了这一限制。对于 metric 为 16 的目标网络来说，即认为其不可到达。

（2）该路由协议应用到实际中时，很容易出现"计数到无穷大"的现象，这使得路由收敛很慢，在网络拓扑结构变化以后需要很长时间，路由信息才能稳定下来。

（3）该协议以跳数，即报文经过的路由器个数为衡量标准，并以此来选择路由，这一措施欠合理性，因为没有考虑网络延时、可靠性、线路负荷等因素对传输质量和速度的影响。

五、实验过程与步骤

（1）按照图 9-3 所示连接好网络设备。其中，PC1 接路由器 R1 的 1 接口，路由器 R1 的 2 接口接路由器 R2 的 2 接口，路由器 R2 的 1 接口接 PC2。

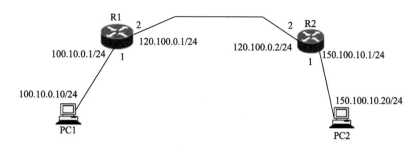

图 9-3　跨接两个路由器的网络拓扑结构图

（2）按照图 9-3 的要求，配置好计算机的 IP 属性，注意默认网关的配置。PC1 的默认网关应该是路由器 R1 的 1 接口的 IP 地址，即 100.10.0.1，PC2 的默认网关应该是路由器 R2 的 1 接口的 IP 地址，即 150.100.10.1，可以观察到 PC1 和 PC2 分别处于两个不同的网络上，PC1 和 PC2 相互 ping 不通。

（3）打开两台配置终端计算机的超级终端配置界面。注意：超级终端的参数按照路由器厂商提供的数据进行设置，一般为默认设置。

（4）开启路由器，观察超级终端配置界面的提示信息。

（5）通过超级终端配置路由器（根据路由器型号选择具体的配置过程）

下面以华为路由器 Quidway 系列的配置过程为例进行介绍。

（1）配置路由器 R1：

从普通用户视图进入系统视图：

```
<Huawei> system-view
[Huawei]
```

配置路由器的以太网接口 0 的 IP 地址，并激活接口 0：

```
[Huawei] interface gigabitethernet 0/0/0
[Huawei-gigabitethernet 0/0/0]ip address 100.10.0.1 255.255.255.0
[Huawei-gigabitethernet 0/0/0]negotiation auto
[Huawei-gigabitethernet 0/0/0]undo shutdown
[Huawei-gigabitethernet 0/0/0]quit
[Huawei]
```

配置路由器的以太网接口 1 的 IP 地址，并激活接口 1：

```
[Huawei] interface gigabitethernet 0/0/1
[Huawei-gigabitethernet 0/0/1]ip address 120.100.0.1  255.255.255.0
[Huawei-gigabitethernet 0/0/1]negotiation auto
[Huawei-gigabitethernet 0/0/1]undo shutdown
[Huawei-gigabitethernet 0/0/1]quit
[Huawei]
```

配置路由器 R1 使用 RIP 路由协议及直接连接的网络：

```
[Huawei]rip
[Huawei-rip-1]network 100.0.0.0
[Huawei-rip-1]network 120.0.0.0
```

（2）配置路由器 R2：

从普通用户视图进入系统视图：

```
<Huawei> system-view
```

[Huawei]

配置路由器 R2 的以太网接口 0 的 IP 地址，并激活接口 0：

```
[Huawei] interface gigabitethernet 0/0/0
[Huawei-gigabitethernet 0/0/0]ip address 150.100.10.1  255.255.255.0
[Huawei-gigabitethernet 0/0/0]negotiation auto
[Huawei-gigabitethernet 0/0/0]undo shutdown
[Huawei-gigabitethernet 0/0/0]quit
[Huawei]
```

配置路由器 R2 的以太网接口 1 的 IP 地址，并激活接口 1：

```
[Huawei] interface gigabitethernet 0/0/1
[Huawei-gigabitethernet 0/0/1]ip address 120.100.0.2  255.255.255.0
[Huawei-gigabitethernet 0/0/1]negotiation auto
[Huawei-gigabitethernet 0/0/1]undo shutdown
[Huawei-gigabitethernet 0/0/1]quit
[Huawei]
```

配置路由器 R2 使用 RIP 路由协议及直接连接的网络：

```
[Huawei]rip
[Huawei]network 150.100.0.0
[Huawei]network 120.0.0.0
```

完成路由器配置后，请分别 ping 和自己相连的路由器的两个地址以及另外一台路由器的两个地址，最后 ping 另外一台计算机，看看连通性如何？

六、思考题

（1）使用静态路由和动态路由各有什么好处？

（2）如果路由表中某个表项的目的网络发生线路故障，路由表如何改变？

（3）一个路由器内部是否可以同时保留静态路由和动态路由两种选择？

七、实验报告

请按照实验报告的格式要求（见附录 A）撰写实验报告。

实验十

开放式最短路径优先（OSPF）实验

一、实验目的

（1）掌握动态路由的概念。

（2）掌握 OSPF 动态路由的算法。

（3）掌握路由器 OSPF 配置方法。

（4）掌握广域网的通信方式。

（5）掌握路由器接口及相关配置方法。

二、实验设备

（1）计算机两台。

（2）路由器两台。

（3）网线若干条。

三、实验内容

配置路由器，使路由器通过 OSPF 路由协议建立路由表，实现网络互通。

四、实验原理

1. OSPF 概述

OSPF 全称为开放式最短路径优先协议（open shortest-path first），OSPF 中的 O 意味着 OSPF 标准是公共开放的，而不是封闭的专有路由方案。

OSPF 采用链路状态协议算法，每个路由器维护一个相同的链路状态数据库，保存整个自治系统（AS）的拓扑结构。一旦某个路由器有了整个自治系统内部的完整链路状态数据库，该路由器就以自己为根，构造到每个目的网络的最短路径树，然后再根据最短路径构造路由表。对于如图 10-1（a）所示的自治系统，路由器采用洪泛法向整个自治系统的其他路由器广播与本路由器相连的所有链路的状态，很快，自治系统里面的所有路由器都知道了整个自治系统内的所有链路状态，该链路状态用一个"权"值来表示，如图 10-1（b）所示。以 F 结点路由器为例，它已经知道到达该自治系统内部的任何一个目的网络的所有路径信息，并能够根据它所知道的链路状态信息，计算出一条到达目的网络的最佳路径。图 10-2 即为路由器 F 构造的到达每个目的网络的最短路径，根据图 10-2 提供的路径信息，相应的路由表就能够顺利地建立起来。

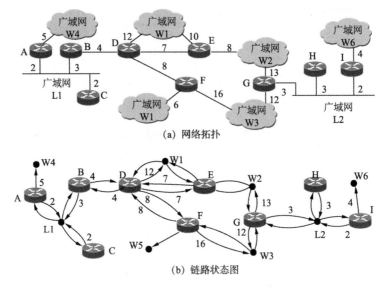

(a) 网络拓扑

(b) 链路状态图

图 10-1 自治系统的链路状态信息

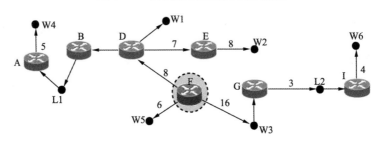

图 10-2 路由器 F 构造的到达每个目的网络的最短路径

对于大型的网络，为了进一步减少路由协议通信流量，利于管理和计算，OSPF 将整个 AS 划分为若干个区域，每个区域都有一个 32 位的区域标识符，如图 10-3 所示。区域内的路由器维护一个相同的链路状态数据库，保存该区域的拓扑结构。洪泛法交换链路状态信息的范围局限于每一个区域而不是整个的自治系统，这就减少了整个网络上用于建立路由表的通信量。在一个区域内部的路由器只知道本区域的完整网络拓扑，而不知道其他区域的网络拓扑情况。区域之间的联系必须通过主干区域中转实现。

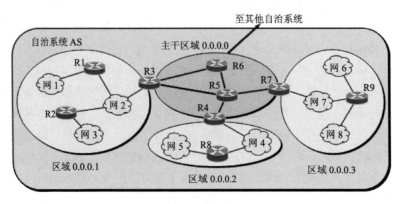

图 10-3 自治系统内划分区域

2. OSPF 链路状态（link-state）

链路就是路由器上的接口，在这里，指运行在 OSPF 进程下的接口。链路状态就是 OSPF 接口上的描述信息，例如接口上的 IP 地址、子网掩码、网络类型、Cost 值等等，OSPF 路由器之间交换的并不是路由表，而是链路状态，OSPF 通过获得网络中所有的链路状态信息，从而计算出到达每个目标精确的网络路径。OSPF 路由器会将自己所有的链路状态毫不保留地全部发给邻居，邻居将收到的链路状态全部放入链路状态数据库（link-state database）。邻居再发给自己的所有邻居，并且在传递过程中，绝对不会有任何更改。通过这样的过程，最终，网络中所有的 OSPF 路由器都拥有网络中所有的链路状态，并且所有路由器的链路状态能描绘出相同的网络拓扑。比如要计算一条地铁线路图，如重庆地铁三号线某段的图，图好比是路由表，不直接将该图给别人看，只是报给别人各个站的信息；该信息好比是链路状态，通过告诉别人各个站左边一站是什么，右边一站是什么，别人也能通过该信息（链路状态）画出完整的线路图（路由表），如得到如下各站信息（链路状态）：

（1）四公里站 （左边一站是五公里，右边一站是南坪）；

（2）南坪站 （左边一站是四公里，右边一站是工贸）；

（3）工贸站 （左边一站是南坪，右边一站是铜元局）。

3. OSPF 分组介绍

OSPF 协议规定了五种用于交换链路状态的分组：

（1）Hello 分组：开启路由器时，路由器就向外发送 Hello 分组，告诉其他路由器自己的存在，用于建立和维护连接。

（2）数据库描述分组：路由器向外发送自己知道的链路状态信息，用于初始化路由器的网络拓扑数据库。

（3）链路状态请求分组：当发现数据库中的某部分信息已经过时后，路由器发送链路状态请求分组，请求邻站提供更新信息。

（4）链路状态更新分组：路由器使用链路状态更新分组来主动扩散自己的链路状态数据库或对链路状态请求分组进行响应。

（5）链路状态确认分组：由于 OSPF 直接运行在 IP 层，协议本身要提供确认机制，链路状态应答分组是对链路状态更新分组进行确认。

4. OSPF 的优缺点

相对于其他协议，OSPF 有许多优点。具体如下：

（1）OSPF 支持各种不同鉴别机制（如简单口令验证、MD5 加密验证等），并且允许各个系统或区域采用互不相同的鉴别机制。

（2）提供负载均衡功能，如果计算出到某个目的站有若干条费用相同的路由，OSPF 路由器会把通信流量均匀地分配给这几条路由，沿这几条路由把该分组发送出去。

（3）在一个自治系统内可划分出若干个区域，每个区域根据自己的拓扑结构计算最短路径，这减少了 OSPF 路由实现的工作量。

（4）OSPF 属动态的自适应协议，对于网络的拓扑结构变化可以迅速地做出反应，进行相应调整，提供短的收敛期，使路由表尽快稳定化，并且与其他路由协议相比，OSPF 在对网络拓扑变化的处理过程中仅需要最少的通信流量。

（5）OSPF 提供点到多点接口，支持 CIDR（无类型域间路由）地址。

OSPF 的不足之处就是协议本身庞大复杂，实现起来较 RIP 困难。

五、实验过程与步骤

（1）按照图 10-4 连接好网络设备。其中，PC1 接 R1 的 1 接口，R1 的 2 接口接 R2 的 1 接口，R2 的 2 接口接 PC2。

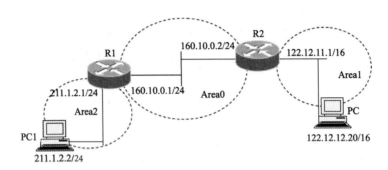

图 10-4   OSPF 实验拓扑结构

（2）按照图 10-4 的要求，配置好计算机的 IP 地址，注意默认网关的配置。PC1 的默认网关应该是 211.1.2.1，PC2 的默认网关应该是 122.12.11.1。

（3）打开两台配置路由器的计算机的超级终端配置界面。注意：超级终端的参数按照路由器厂商提供的数据进行设置。通常情况下，"波特率"选择 9600，"数据位"选择 8，"停止位"选择 1，"奇偶校验"选择无，"数据流控制"选择无。

（4）开启路由器，观察超级终端配置界面的提示信息。

（5）通过超级终端配置路由器。

下面以华为路由器的配置过程为例进行介绍：

（1）配置路由器 1（R1）

从普通用户视图进入系统视图：

```
<Router1> system-view
[Router1]
```

配置路由器 1 的以太网接口 0 的 IP 地址，并激活接口 0：

```
[Router1] interface gigabitethernet 0/0/0
[Router1-gigabitethernet 0/0/0] ip address 211.1.2.1 255.255.255.0
[Router1-gigabitethernet 0/0/0] negotiation auto
[Router1-gigabitethernet 0/0/0] undo shutdown
[Router1-gigabitethernet 0/0/0] quit
[Router1]
```

配置路由器 1 的以太网接口 1 的 IP 地址，并激活接口 1：

```
[Router1]interface gigabitethernet 0/0/1
[Router1-gigabitethernet 0/0/1] ip address 160.10.0.1 255.255.255.0
[Router1-gigabitethernet 0/0/1] negotiation auto
[Router1-gigabitethernet 0/0/1] undo shutdown
[Router1-gigabitethernet 0/0/1] quit
```

```
[Router1]
```
配置路由器 1 的 ID 为 1.1.1.1：
```
[Router1]router id 1.1.1.1
[Router1]
```
路由器 1 的 OSPF 动态路由协议使能：
```
[Router1]ospf
[Router1-ospf-1]
```
配置路由器接口所属区域：
```
[Router1-ospf-1] area 0
[Router1-ospf-1-area-0.0.0.0] network 160.100.0.0 0.0.255.255
[Router1-ospf-1-area-0.0.0.0] quit
[Router1-ospf-1] area 23
[Router1-ospf-1-area-0.0.0.23] network 211.1.2.0 0.255.255.255
[Router1-ospf-1-area-0.0.0.23] quit
```
（2）配置路由器 2（R2）

从普通用户视图进入系统视图：
```
<Router2> system-view
[Router2]
```
配置路由器 2 的以太网接口 0 的 IP 地址，并激活接口 0：
```
[Router2] interface gigabitethernet 0/0/0
[Router2-gigabitethernet 0/0/0] ip address 160.100.0.2  255.255.255.0
[Router2-gigabitethernet 0/0/0] negotiation auto
[Router2-gigabitethernet 0/0/0] undo shutdown
[Router2-gigabitethernet 0/0/0] quit
[Router2]
```
配置路由器 2 的以太网接口 1 的 IP 地址，并激活接口 1：
```
[Router2] interface gigabitethernet 0/0/1
[Router2-gigabitethernet 0/0/1] ip address 122.12.11.1 255.255.0.0
[Router2-gigabitethernet 0/0/1] negotiation auto
[Router2-gigabitethernet 0/0/1] undo shutdown
[Router2-gigabitethernet 0/0/1] quit
[Router2]
```
配置路由器 2 的 ID 为 2.2.2.2：
```
[Router2]router id 2.2.2.2
[Router2]
```
路由器 2 的 OSPF 动态路由协议使能：
```
[Router2]ospf
[Router2-ospf-1]
```
配置路由器接口所属区域：
```
[Router2-ospf-1] area 0
[Router2-ospf-1-area-0.0.0.0] network 160.100.0.0 0.0.255.255
[Router2-ospf-1-area-0.0.0.0] quit
[Router2-ospf-1] area 24
[Router2-ospf-1-area-0.0.0.24] network 122.12.0.0 0.0.255.255
[Router2-ospf-1-area-0.0.0.23] quit
```

六、思考题

（1）RIP 协议与 OSPF 协议各有哪些优缺点？

（2）OSPF 协议的链路状态可能包含哪些信息？

（3）一个自治系统划分多个区域时，每个区域应该有几个出口？不同区域之间的通信是否必须经过主干区域？

七、实验报告

请按照实验报告的格式要求（见附录 A）撰写实验报告。

第三章 Windows Server 2003 基本网络配置

Web 服务器、FTP 服务器的创建与管理

一、实验目的

（1）掌握设置、发布及访问 Web 站点的操作。

（2）掌握 FTP 服务器的安装、配置和管理。

二、实验设备

安装了 Windows Server 2003 的 PC。

三、实验内容

（1）利用 IIS 创建一个 Web 站点，并将制作好的网页发布到 Web 服务器上。

（2）在 IIS 中创建 FTP 服务器，完成虚拟目录的设置，实现一个 IP 地址对应多个 FTP 服务。

四、实验原理

1. WWW 服务

Web 服务器又称 WWW（world wide web）服务器，主要功能是提供网上信息浏览服务。WWW 是 Internet 的多媒体信息查询工具，是 Internet 上近年才发展起来的服务，也是发展最快和目前应用最广泛的服务。正是因为有了 WWW 工具，才使得近年来 Internet 迅速发展，且用户数量飞速增长。

在 Internet 上访问 WWW 服务需要使用 HTTP（超文本传输协议），默认端口为 80，采用 TCP 运输层协议。WWW 服务采用客户机/服务器工作方式，由 WWW 客户端（Web 浏览器）发起访问请求，Web 服务器被动接受请求并向发出请求的浏览器提供服务。Web 服务器可以解析 HTTP 协议，当用户在客户端的浏览器的 URL 地址栏输入想访问的网站地址（域名）后，这个 HTTP 请求就会传到对应的 Web 服务器端，服务器会返回一个 HTTP 响应，例如送回一个 HTML 页面。为了处理一个请求，Web 服务器可以响应一个静态页面或图片，进行页面跳转，或者把动态响应的产生委托给一些其他的程序，例如 CGI 脚本，servlets、JSP（Java Server Pages）脚本， ASP（Active Server Pages）脚本，服务器端 JavaScript，或者一些其他的服务器端技术。这些服务器端的程序，通常产生一个 HTML 的响应让浏览器可以浏览。

2．FTP 服务

FTP 用于 Internet 上控制文件的双向传输，同时，它也是一个应用程序。基于不同的操作系统有不同的 FTP 应用程序，而所有这些应用程序都遵守同一种协议传输文件。在 FTP 的使用当中，用户经常遇到两个概念："下载"和"上传"。"下载"文件就是从远程主机复制文件至自己的计算机上；"上传"文件就是将文件从自己的计算机中复制至远程主机上。

支持 FTP 协议的服务器就是 FTP 服务器，采用客户机/服务器工作方式。用户通过一个支持 FTP 协议的客户机程序，连接到在远程主机上的 FTP 服务器程序。比如，用户发出一条命令，要求服务器向用户传送某一个文件的一份副本，服务器会响应这条命令，将指定文件送至用户的机器上。客户机程序代表用户接收到这个文件，将其存放在用户目录中。

1）匿名 FTP

使用 FTP 时必须先登录，在远程主机上获得相应的权限以后，方可下载或上传文件，即必须拥有用户 ID 和口令，否则便无法传送文件。但是这种情况违背了 Internet 的开放性，Internet 上的 FTP 主机何止千万，不可能要求每个用户在每一台主机上都拥有账号。匿名 FTP 就是为解决这个问题而产生的。

匿名 FTP 是这样一种机制，用户可通过它连接到远程主机上，并从其中下载文件，而无须成为其注册用户。系统管理员建立了一个特殊的用户 ID，名为 anonymous，Internet 上的任何人在任何地方都可使用该用户 ID。

通过 FTP 程序连接匿名 FTP 主机的方式同连接普通 FTP 主机的方式差不多，只是在要求提供用户标识 ID 时必须输入 anonymous，该用户 ID 的口令可以是任意的字符串。习惯上，用自己的 E-mail 地址作为口令，使系统维护程序能够记录下来谁在存取这些文件。当远程主机提供匿名 FTP 服务时，会指定某些目录向公众开放，允许匿名存取；系统中的其余目录则处于隐匿状态。作为一种安全措施，大多数匿名 FTP 主机都允许用户从其中下载文件，而不允许用户向其上传文件。

2）用户分类

（1）Real 用户。这类用户在 FTP 服务上拥有账号，当这类用户登录 FTP 服务器的时候，其默认的主目录就是其账号命名的目录。但是，其还可以访问其他用户的主目录。

（2）Guest 用户。这类用户有个特点，就是其只能够访问其主目录下的目录文件，而不能访问主目录以外的目录文件。服务器通过这种方式来保障 FTP 服务器上其他文件的安全性。

（3）匿名用户。这也是通常所说的匿名访问。这类用户是指在 FTP 服务器中没有指定账户，但是其仍然可以进行匿名访问某些公开的资源。

3）使用方式

需要进行远程文件传输的计算机必须安装和运行 FTP 客户程序。在 Windows 操作系统的安装过程中，通常都安装了 TCP/IP 协议软件，其中包含了 FTP 客户程序。但是该程序是字符界面而不是图形界面，这就必须以命令提示符的方式进行操作，很不方便。

启动 FTP 客户程序工作的另一途径是使用 IE 浏览器或资源管理器，用户只需要在 IE 地址栏或资源管理器地址栏中输入如下格式的 URL 地址，即 ftp://[用户名：口令@]ftp 服务器域名：[端口号]。（在 cmd 命令行下也可以用上述方法连接，通过 put 命令和 get 命令达到上传和下载的目的，通过 ls 命令列出目录，除了上述方法外还可以在 cmd 下输入 ftp 回车，然后输入 open IP 来建立一个连接。）

通过 IE 浏览器启动 FTP 的方法尽管可以使用，但是速度较慢，还会将密码暴露在 IE 浏览器中而不安全，因此一般都安装并运行专门的 FTP 客户程序。

五、实验过程与步骤

1．Internet 信息服务（IIS）管理器的安装

（1）选择"控制面板"→"添加或删除程序"→"添加/删除 Windows 组件"命令，在弹出的 Windows 组件向导窗口中选中"Internet 信息服务（IIS）"复选框，并单击"下一步"按钮，需要一段时间配置完成安装，显示"完成 Windows 组件向导"窗口，单击"完成"按钮，返回到"添加或删除程序"窗口，单击"关闭"按钮，完成 IIS 的安装。

（2）安装完毕后，可查看在"控制面板"→"管理工具"中增加了"Internet 信息服务（IIS）管理器"选项。

2．WWW 服务器的设置

（1）选择"控制面板"→"管理工具"→"Internet 信息服务（IIS）管理器"，单击打开 IIS 服务器所在本地计算机的目录树如图 11-1 所示。

（2）打开"网站"，右击"默认网站"选项，在弹出的快捷菜单中选择"属性"命令，弹出"默认网站属性"对话框，默认网站一般用于向所有人开放 WWW 站点，如图 11-2 所示。

（3）在"网站"选项卡中的"描述"里可以为网站取一个标识名；"IP 地址"下拉列表框中选择一个 IP 地址，如选择

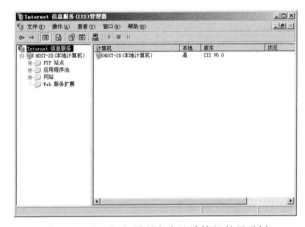

图 11-1　IIS 服务器所在本地计算机的目录树

"192.168.9.4"作为赋予此网站的 IP 地址；在"TCP 端口"文本框中维持原来的"80"不变，如图 11-3 所示。

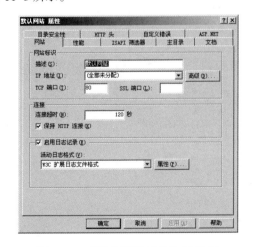

图 11-2　"默认网站属性"对话框

图 11-3　"网站"选项卡

（4）设置"主目录"：主目录是存放网站文件的文件夹，在这个主目录下还可以创建子目录，通常 Web 服务器的主目录都位于本地磁盘系统中，所以选择"此计算机上的目录"单选按钮。如果网站要建立在联网的其他计算机上，则选择"另一台计算机上的共享"单选按钮。如果要在互联网的某台服务器上建立网站，则选择"重定向到 URL"单选按钮。在"主目录"选项卡中的"本地路径"文本框中通过"浏览"按钮来选择主页文件所在的路径，如 D:\myWeb。请预先在 D 盘上创建目录 myWeb，并在其中添加已经做好的网站文件（比如主页文件 index.html），如图 11-4 所示。

（5）设置"文档"：在"文档"选项卡中，必须选中"启用默认内容文档"复选框，可以再增加需要的默认文档名并可调整搜索顺序。此项作用是当在浏览器中只输入域名（或 IP 地址）后，系统会自动在"主目录"中按由上到下次序寻找列表中指定的文件名，如能找到第一个则调用第一个；否则再寻找并调用第二个、第三个……如果"主目录"中没有此列表中的任何一个文件名存在，则显示找不到文件的出错信息，如图 11-5 所示。

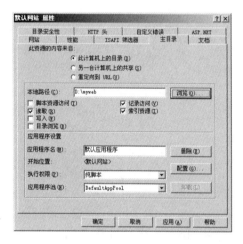

图 11-4 "默认网站属性–主目录"对话框　　图 11-5 "默认网站属性–文档"对话框

（6）其他项目均可不用修改，直接单击"确定"按钮，即完成了"默认网站"的属性设置，如图 11-6 所示。

图 11-6 配置默认网站完成

3. 在客户机上访问 Web 服务器

在客户机上启动浏览器，在 URL 后的地址栏内，输入主页的 IP 地址或主机域名，如 http://192.168.9.4/index.html，即可浏览网站的主页面，如图 11-7 所示。

图 11-7 网站的主页面

4. 创建 FTP 站点

（1）在一台作为 FTP 服务器的计算机上先用 ipconfig 命令找到其 IP 地址，并记下来。

（2）然后在"控制面板"→"用户账户"中创建一个用户，例如用户名为"123"，密码为"123"，如图 11-8 所示。

（3）在一台作为 FTP 服务器的计算机上打开"控制面板"→"管理工具"，双击"Internet 信息服务"窗口，右击"默认 FTP"站点项，在弹出的快捷菜单中选择"新建"→"站点"命令，弹出"FTP 站点创建向导"对话框，如图 11-9 所示。

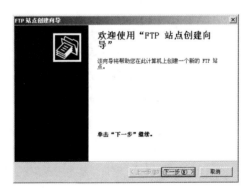

图 11-8 新建用户　　　　　图 11-9 "FTP 站点创建向导"对话框

（4）单击"下一步"按钮，打开"FTP 站点创建向导 – FTP 站点说明"对话框，在"说明"文本框中输入站点相关信息，比如 myftp，如图 11-10 所示。

（5）单击"下一步"按钮，打开"FTP 站点创建向导 – IP 地址和端口设置"对话框，在"IP

地址"下拉文本框和"TCP 端口"文本框中，分别输入 FTP 站点的 IP 地址：就是第（1）步记下的 IP 地址和 TCP 端口号，TCP 端口号默认为 21，如图 11–11 所示。

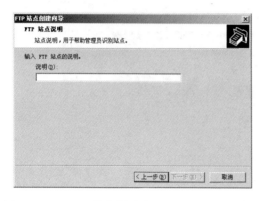
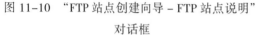
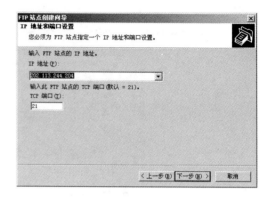

图 11–10 "FTP 站点创建向导 – FTP 站点说明"　　　图 11–11 "FTP 站点创建向导 – IP 地址和
对话框　　　　　　　　　　　　　　　　　端口设置"对话框

（6）单击"下一步"按钮，打开"FTP 站点创建向导 – FTP 用户隔离"对话框，选中"不隔离用户"单选按钮，如图 11–12 所示。

（7）单击"下一步"按钮，打开"FTP 站点创建向导 – FTP 站点主目录"对话框，在路径文本框中输入 FTP 服务器主目录路径，如 D:\myftp（如果没有这个目录，应该预先建立一个目录）如图 11–13 所示。

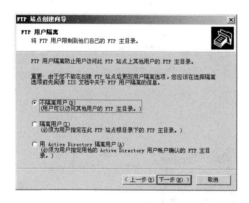
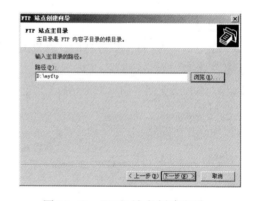

图 11–12 "FTP 站点创建向导 –　　　　　图 11–13 "FTP 站点创建向导 –
FTP 用户隔离"对话框　　　　　　　　　FTP 站点主目录"对话框

（8）单击"下一步"按钮，打开"FTP 站点创建向导 – FTP 站点访问权限"对话框，设置 FTP 站点的访问权限，包括"读取"和"写入"两种用户权限，如图 11–14 所示。

（9）单击"下一步"按钮，显示"成功完成 FTP 站点创建向导"窗口，单击"完成"按钮，一个 FTP 站点设置完成。可以预先将一些资源放入该站点中，即对应的 D:\myftp 目录下。

（10）右击刚才建好的 FTP 站点，在弹出的快捷菜单中选择"权限"命令，在出现的对话框中单击"添加"按钮，弹出"选择用户或组"对话框，如图 11–15 所示。单击"高级"按钮，将第（2）步创建的用户添加进来。用户可以在权限选项中选择各种权限，最后单击"确定"按钮，完成用户权限设置，如图 11–16 所示。

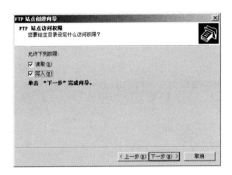

图 11-14　"FTP 站点创建向导 –　　　　图 11-15　"选择用户或组"对话框

FTP 站点访问权限"对话框

（11）右击 D:\myftp 目录，选择"属性"→"共享"页面，选择"共享此文件夹"单选按钮，输入共享名。

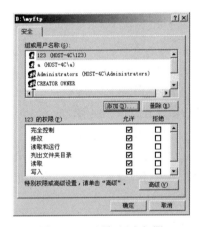

图 11-16　添加用户权限

（12）在客户机端（使用另外一台计算机）打开浏览器键入"FTP://IP 地址"或打开资源管理器，在地址栏键入"FTP: //IP 地址"，输入登录用户名和密码即可共享 FTP 站点上的资源，或用 cmd 命令打开命令提示符窗口，在命令提示符下键入 ftp，输入登录用户名和密码也可访问 FTP 站点上的资源。

5．在一个 IP 地址上实现多个 FTP 服务器

在只有一个 IP 地址的服务器上可以通过更改它们的端口来实现多个 FTP 服务器。注意更改的端口不能和其他已经用的端口发生冲突。

（1）在 D:\myftp 下建立子目录 myftp1 和 myftp2，分别在这两个子目录下存放一些资源，并共享这两个目录。

（2）打开"Internet 信息服务"，选择"FTP 站点"后，右击"新建"菜单下的"FTP 站点"，启动向导。

（3）输入 FTP 站点的描述，比如 myftp1，单击"下一步"按钮。

（4）通过下拉箭头选择 IP 地址，更改 TCP 端口，输入 121，单击"下一步"按钮，如图 11-17 所示。

（5）选择主目录的路径，如 D:\myftp\myftp1，单击"下一步"按钮。

（6）设置 FTP 站点的访问权限，单击"下一步"按钮，单击"完成"按钮，myftp1 FTP 站点创建成功，如图 11-18 所示。

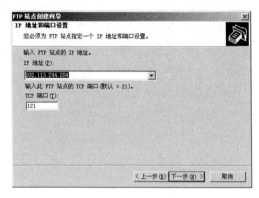

图 11-17 "FTP 站点创建向导-
IP 地址端口设置"对话框

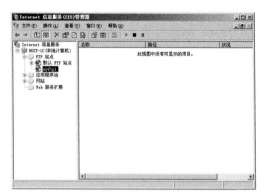

图 11-18 myftp1 FTP 站点创建成功

以相同的方法还可以创建 myftp2 FTP 站点，对应主目录为 D:\myftp\myftp2，TCP 端口号设为 122。类似地，可以创建多个 FTP 站点，但是需要更改不同的 TCP 端口号。

（7）如果要进行登录用户的权限设置，请参照前面步骤。

（8）在客户机端（使用另外一台计算机）打开浏览器键入"FTP:\\IP 地址：121"或打开资源管理器，在地址栏键入"FTP:\\IP 地址：121"，即可访问 myftp1 FTP 站点上的资源；同样，打开浏览器键入"FTP:\\IP 地址：122"或打开资源管理器，在地址栏键入"FTP:\\IP 地址：122"，即可访问 myftp2 FTP 站点上的资源。

6. 扩展实验——Serv-U 的使用

Serv-U 是一种被广泛运用的 FTP 服务器端软件，支持 Windows NT/2003 等 Windows 系统。可以设定多个 FTP 服务器、限定登录用户的权限、登录主目录及空间大小等，功能非常完备。它具有非常完备的安全特性，支持多个 Serv-U 和 FTP 客户端通过 SSL 加密连接，保护数据安全等。

通过使用 Serv-U，用户能够将任何一台 PC 设置成一个 FTP 服务器，这样，用户或其他使用者就能够使用 FTP 协议，通过在同一网络上的任何一台 PC 与 FTP 服务器连接，进行文件或目录的复制、移动、创建和删除等。

读者可以自行在网上下载并安装免费 Serv-U 学习该软件的使用。

六、思考题

（1）在配置 FTP 站点时不填写 IP 地址和 TCP 端口可以吗？

（2）两个 FTP 站点可以对应同一个主目录吗？

（3）FTP 有几种用户类型？各自特点如何？

七、实验报告

请按照实验报告的格式要求（见附录 A）撰写实验报告。

实验十二

域名服务器（DNS）的设置及管理

一、实验目的

（1）掌握域名服务器（DNS）的配置和管理。

（2）掌握 DNS 服务器的工作过程。

（3）掌握使用 DNS 服务的客户机的配置情况。

二、实验设备

安装了 Windows Server 2003 系统的 PC。

三、实验内容

安装了启用以及配置 DNS 服务器。

四、实验原理

1. DNS 的概念

DNS（domain name system，域名系统）是 Internet 上作为主机名或域名和 IP 地址相互映射的一个分布式数据库。通过主机名或域名，最终得到其对应的 IP 地址的过程称为域名解析（或主机名解析）。DNS 协议运行在 UDP 协议之上，使用端口号 53。

为什么需要进行主机名或域名和 IP 地址的相互映射呢？因为一般使用的网络大部分是基于 TCP/IP 协议的，而 TCP/IP 是基于 IP 地址的，所以计算机在网络上进行通信时只能识别如"201.96.134.33"之类的 IP 地址，而不能认识主机名或域名。但是人们对于数字的记忆远不如对于文字、符号的记忆，一般人无法记住 10 个以上 IP 地址的网站，因此人们访问网站时，更愿意使用比较容易记忆的主机名或域名，这是因为有一个称为"DNS 服务器"的计算机自动把人们输入的域名"翻译"成了对应的 IP 地址，然后调出 IP 地址所对应的网页。DNS 就是这样一位"翻译官"，它的基本工作原理可用图 12-1 来表示。

图 12-1　DNS 基本工作原理

2. DNS 查询的工作方式

DNS 查询主要有两种方式，一种是递归查询，另一种是迭代查询。递归查询是最常见的查询方式，域名服务器将代替提出请求的客户机（或下级 DNS 服务器）进行域名查询，若域名服务器不能直接回答，则域名服务器会在域各树中的各分支的上下进行递归查询，最终将返回查询结果给客户机。在域名服务器查询期间，客户机将完全处于等待状态，如图 12-2 所示。迭代查询又称重指引，当服务器使用迭代查询时能够使其他服务器返回一个最佳的查询点提示或主机地址。若此最佳的查询点中包含需要查询的主机地址，则返回主机地址信息；若此时服务器不能够直接查询到主机地址，则是按照提示的指引依次查询，直到服务器给出的提示中包含所需要查询的主机地址为止。一般地，每次指引都会更靠近根服务器（向上），查寻到根域名服务器后，则会再次根据提示向下查找，如图 12-3 所示。

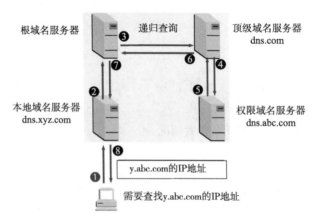

图 12-2　递归查询

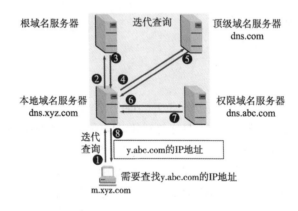

图 12-3　迭代查询

3．DNS 服务的工作过程

假定域名为 m.xyz.com 的主机想知道另一台主机 y.abc.com 的 IP 地址。例如，主机 m.xyz.com 打算发送邮件给 y.abc.com，这时就必须知道主机 y.abc.com 的 IP 地址。下面是图 12-3 的几个查询步骤：

（1）主机 m.xyz.com 先向本地服务器 dns.xyz.com 进行递归查询。

（2）本地服务器采用迭代查询。它先向一个根域名服务器查询。

（3）根域名服务器告诉本地服务器，下一次应查询的顶级域名服务器 dns.com 的 IP 地址。

（4）本地域名服务器向顶级域名服务器 dns.com 进行查询。

（5）顶级域名服务器 dns.com 告诉本地域名服务器，下一步应查询的权限域名服务器 dns.abc.com 的 IP 地址。

（6）本地域名服务器向权限域名服务器 dns.abc.com 进行查询。

（7）权限域名服务器 dns.abc.com 告诉本地域名服务器，所查询的主机的 IP 地址。

（8）本地域名服务器最后把查询结果 y.abc.com 的 IP 地址告诉 m.xyz.com。

整个查询过程共用到了 8 个 UDP 报文。为了提高 DNS 查询效率，并减轻服务器的负荷和减少因特网上的 DNS 查询报文数量，在域名服务器中广泛使用了高速缓存，用来存放最近查询过的域名以及从何处获得域名映射信息的记录。例如，在上面的查询过程中，如果在 m.xyz.com 的主机上不久前已经有用户查询过 y.abc.com 的 IP 地址，那么本地域名服务器就不必向根域名服务器重新查询 y.abc.com 的 IP 地址，而是直接把缓存中存放的上次查询结果（即 y.abc.com 的 IP 地址）告诉用户。

五、实验过程与步骤

1. 安装 DNS 服务器

安装了 Windows Server 2003 系统的计算机都能够充当 DNS 服务器(一般由域控制器担当这一角色)。建议用户将充当 DNS 服务器的计算机中的 IP 地址设置为静态。如果 Windows Server 2003 系统中尚未安装 DNS 服务组件，需要按下述步骤添加 DNS 服务。

（1）在 Windows Server 2003 中选择"开始"→"设置"→"控制面板"→"管理工具"命令，选中"管理您的服务器"选项，单击"添加或删除角色"选项，如图 12-4 所示。再单击"下一步"按钮，出现"配置您的服务器向导-服务器角色"对话框，如图 12-5 所示。

图 12-4　"管理您的服务器"对话框　　图 12-5　"配置您的服务器向导-服务器角色"对话框

（2）在"服务器角色"列表中单击"DNS 服务器"选项，单击"下一步"按钮。打开"选择总结"向导页，如果列表中出现"安装 DNS 服务器"和"运行配置 DNS 服务器向导来配置 DNS"选项，则直接单击"下一步"按钮。

（3）向导开始安装 DNS 服务器，提示插入 Windows Server 2003 的安装光盘或指定安装源文件，把光盘放进光驱即安装完成。

2. 配置 DNS 服务器

DNS 服务器安装完成后，还必须配置它才能开始工作。在 Windows Server 2003 中选择"开始"→"设置"→"控制面板"→"管理工具"命令，选中 DNS 选项，打开图 12-6 所示的配置 DNS 服务器对话框。可观测到 DNS 管理器的 DNS 服务器结点下有"正向查找区域"和"反向查找区域"两个子结点，它们是 DNS 服务管理的基本单位。

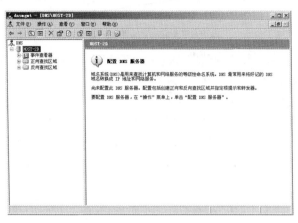

图 12-6　配置 DNS 服务器对话框

正向查找区域用于正向查找，它将域名解析为 IP 地址。一台 DNS 服务器上至少要有一个正向查找区域才能工作。反向查找区域用于反向查找，它将 IP 地址解析为域名。有的具体应用需要反向查找，如 IIS 中的域名限制就依赖于反向查找来实现。

（1）正向查找区域创建的具体步骤：

① 在 DNS 管理器中展开 DNS 服务器图标，右击"正向查找区域"子结点，在弹出的快捷菜单中选择"新建区域"命令，打开 DNS "新建区域向导"对话框，或者选中"正向查找区域"子结点，选择"操作"→"新建区域"命令，打开"新建区域向导"对话框。

② 单击"下一步"按钮，打开图 12-7 所示的"新建区域向导–区域类型"对话框。在该对话框中，可以选择指定新建正向查找区域的类型：主要区域、辅助区域或存根区域。

③ 选定区域类型后（比如选择"主要区域"）单击"下一步"按钮，出现"新建区域向导–区域名称"对话框。在此指定区域名称（比如 test.com），如图 12-8 所示；然后单击"下一步"按钮，进入"新建区域向导–区域文件"对话框，如图 12-9 所示。

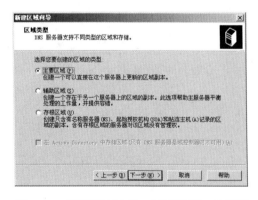
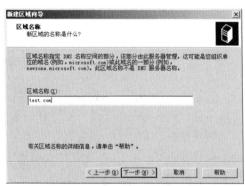

图 12-7　"新建区域向导–区域类型"对话框　　图 12-8　"新建区域向导–区域名称"对话框

④ 根据前面所选区域类型的不同，这一步所配置的信息亦不相同。如果选择创建主要区域，则在此选择"创建新文件，文件名为"单选按钮，或者选择"使用此现成文件"单选按钮指定一个现有文件作为区域文件；如果选择创建辅助区域，则在此指定辅助区域所对应主 DNS 服务器，在"IP 地址"栏中输入主 DNS 服务器地址，单击"添加"按钮加入列表，DNS 将按照列表中的

主服务器顺序逐一联系它们，单击"上移"按钮或者"下移"按钮可以更改主服务器在列表中的顺序，如图 12-10 所示。单击"下一步"按钮，进入"新建区域向导 – 动态更新"对话框，保留默认选项；单击"下一步"按钮，进入"新建区域向导 – 正在完成新建区域向导"对话框。

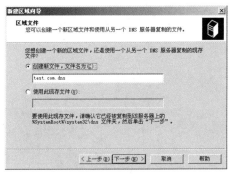

图 12-9　"新建区域向导 – 区域文件"对话框

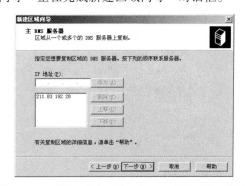

图 12-10　"新建区域向导 – 主 DNS 服务器"对话框

⑤ 单击"完成"按钮，完成了正向查找区域的创建。接下来还要在此基础上创建指向不同主机的域名，才能提供域名解析服务。

⑥ 在 DNS 管理器对话框中，展开 DNS 管理器中的 DNS 服务器"正向查找区域"结点，然后右击 test.com 区域，在弹出的快捷菜单中选择"新建主机"命令，打开图 12-11 所示的"新建主机"对话框。

⑦ 在"新建主机"对话框中，在"名称"文本框中输入一个能代表该主机所提供服务的名称（如 www），在"IP 地址"文本框中输入该主机的 IP 地址（如 192.168.9.80，

图 12-11　"新建主机"对话框

在具体的实验环境中可先用 ipconfig 命令查看该主机的 IP 地址），单击"添加主机"按钮，很快就提示"成功创建了主机记录 www.test.com"，再单击"完成"按钮完成主机的创建。按上述方法可以添加任意多个主机记录。

（2）反向查找区域创建的具体步骤：

① 在 DNS 管理器中展开 DNS 服务器图标，右击"反向查找区域"子结点，从快捷菜单中 选择"新建区域"命令，打开 DNS "新建区域向导"对话框，或者选中"反向查找区域"子结点，选择"操作"→"新建区域"命令，打开"新建区域向导"对话框。

② 单击"下一步"按钮，打开图 12-7 所示的"新建区域向导 – 区域类型"对话框。在该对话框中，选择"主要区域"再单击"下一步"按钮，进入"新建区域向导 – 反向查找区域名称"对话框，如图 12-12 所示。

③ 在图 12-12 所示的"网络 ID（E）"项中输入：192.168.9，单击"下一步"按钮，进入"新建区域向导 – 区域文件"对话框，单击"下一步"按钮，进入"新建区域向导 – 动态更新"对话框，保留默认选项，单击"下一步"按钮，再单击"完成"按钮即可完成创建。

④ 在 DNS 管理器对话框中，展开 DNS 管理器中的 DNS 服务器"反向查找区域"结点，然后右击 192.168.9.xSubnet 区域，在弹出的快捷菜单中选择"新建指针"命令，打开图 12-13 所示的

"新建资源记录"对话框。

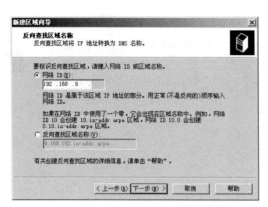

图 12-12　"新建区域向导 – 反向查找区域名称"对话框　　　图 12-13　"新建资源记录"对话框

　　⑤ 在"新建资源记录"对话框的"主机 IP 号"文本框中输入该主机的 IP 地址(如 192.168.9.80)，在 "主机名" 文本框中输入 www.test.com ，或者单击右边的"浏览"按钮，一层一层直到找到 www，再单击 "确定" 按钮即可，最后在 "新建资源记录" 对话框中单击 "确定" 按钮，完成反向查找区域的创建。

　　3. 设置 DNS 客户端

（1）用户必须手动设置 DNS 服务器的 IP 地址。在客户机"Internet 协议（TCP/IP）属性"对话框中的"首选 DNS 服务器"文本框中，设置 DNS 服务器的 IP 地址，比如 192.168.9.80，如图 12-14 所示。

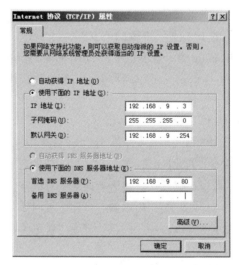

图 12-14　设置客户端 DNS 服务器地址

（2）测试 DNS 服务器。在命令提示符下输入 ping www.test.com，如果 DNS 服务器配置正确，会出现图 12-15 所示界面。

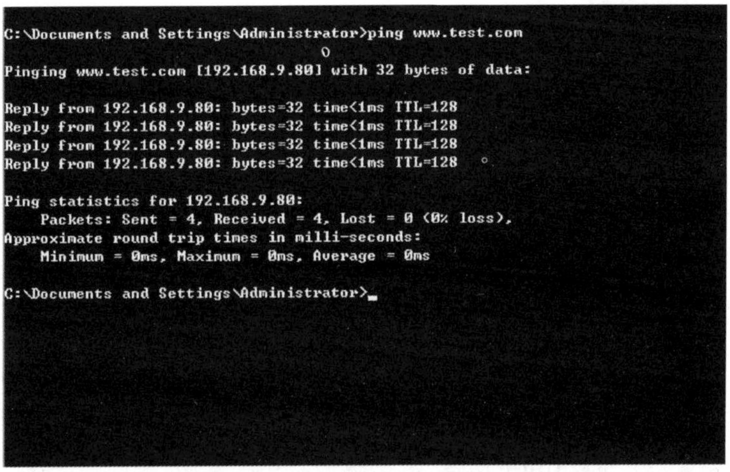

图 12-15　用 ping 命令测试 DNS 服务器

也可以用 nslookup 命令测试，如图 12-16 所示。

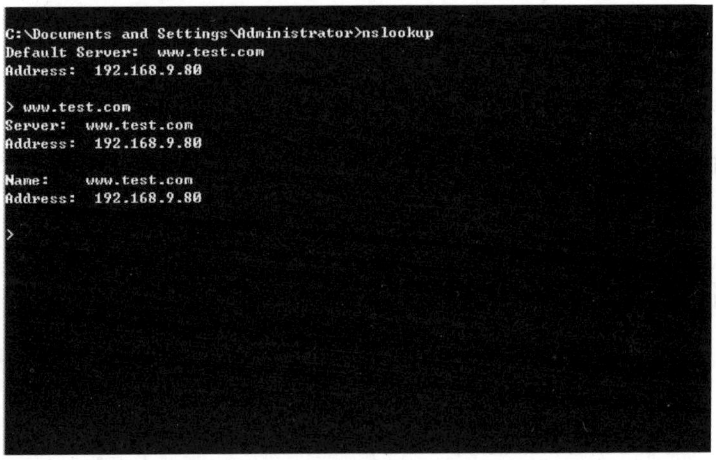

图 12-16　用 nslookup 命令测试 DNS 服务器

六、思考题

（1）DNS 的作用是什么？

（2）正向查找和反向查找有什么区别？

（3）结合 Web 服务器或 FTP 服务器配置 DNS 服务器。假设域名为 www.test.com，让它指向 Web 服务器或 FTP 服务器的地址。如何配置才能通过域名访问 Web 服务器或 FTP 服务器？

七、实验报告

请按照实验报告的格式要求（见附录 A）撰写实验报告。

实验 十三

DHCP 服务器的配置及使用实验

一、实验目的

（1）学习在服务器上安装 DHCP 服务器。

（2）掌握 DHCP 的设置。

（3）掌握 DHCP 协议工作原理。

二、实验设备

安装有 Windows Server 2003 系统的 PC。

三、实验内容

在 Windows Server 2003 上安装 DHCP 服务器并对其进行配置和使用。

四、实验原理

DHCP（dynamic host configuration protocol，动态主机配置协议）通常被应用在大型的局域网络环境中，主要作用是集中管理、分配 IP 地址，使网络环境中的主机动态地获得 IP 地址、网关地址、DNS 服务器地址等信息，并能够提升地址的使用率。DHCP 协议采用客户端/服务器模型，主机地址的动态分配任务由网络主机驱动。当 DHCP 服务器接收到来自网络主机申请地址的信息时，才会向网络主机发送相关的地址配置等信息，以实现网络主机地址信息的动态配置。

1. DHCP 客户端

在支持 DHCP 功能的网络设备上将指定的端口作为 DHCP 客户端，通过 DHCP 协议从 DHCP Server 上动态获取 IP 地址等信息，来实现设备的集中管理。一般应用于网络设备的网络管理接口上。

2. DHCP 服务器

DHCP 服务器指的是由服务器控制一段 IP 地址范围，客户端登录服务器时就可以自动获得服务器分配的 IP 地址和子网掩码。

3. DHCP 中继代理

DHCP 中继代理（DHCP relay），就是在 DHCP 服务器和客户端之间转发 DHCP 数据包。当 DHCP 客户端与服务器不在同一个子网上，就必须有 DHCP 中继代理来转发 DHCP 请求和应答消息。DHCP 中继代理接收到 DHCP 消息后，重新生成一个 DHCP 消息，然后转发出去。在 DHCP

客户端看来,DHCP 中继代理就像 DHCP 服务器;在 DHCP 服务器看来,DHCP 中继代理就像 DHCP 客户端。

4．DHCP 工作原理

DHCP 协议采用 UDP 作为传输协议,主机发送请求消息到 DHCP 服务器的 67 号端口,DHCP 服务器回应应答消息给主机的 68 号端口。详细的交互过程如图 13–1 所示。

（1）DHCP 服务器被动打开 UDP 端口 67,等待客户端发来的报文。

（2）DHCP 客户从 UDP 端口 68 发送 DHCP 发现报文。

（3）凡收到 DHCP 发现报文的 DHCP 服务器都发出 DHCP 提供报文,因此 DHCP 客户可能收到多个 DHCP 提供报文。

（4）DHCP 客户从几个 DHCP 服务器中选择其中一个,并向所选择的 DHCP 服务器发送 DHCP 请求报文。

（5）被选择的 DHCP 服务器发送确认报文 DHCPACK,此时进入已绑定状态,DHCP 客户可开始使用得到的临时 IP 地址了,DHCP 客户现在要根据服务器提供的租用期 T 设置两个计时器 T1 和 T2,它们的超时时间分别是 $0.5T$ 和 $0.875T$。当超时时间到就要请求更新租用期。

（6）租用期过了一半（T1 时间到）,DHCP 发送请求报文 DHCPREQUEST,要求更新租用期。

（7）DHCP 服务器若同意,则发回确认报文 DHCPACK。DHCP 客户得到了新的租用期,重新设置计时器。

（8）DHCP 服务器若不同意,则发回否认报文 DHCPNACK。这时 DHCP 客户必须立即停止使用原来的 IP 地址,而必须重新申请 IP 地址［回到步骤（2）］,若 DHCP 服务器不响应步骤（6）的请求报文 DHCPREQUEST,则在租用期过了 87.5%时,DHCP 客户必须重新发送请求报文 DHCPREQUEST［重复步骤（6）］,然后继续后面的步骤。

（9）DHCP 客户可随时提前终止服务器所提供的租用期,这时只需向 DHCP 服务器发送释放报文 DHCPRELEASE 即可。

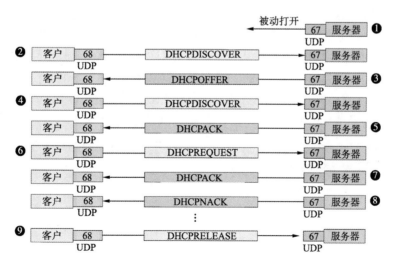

图 13–1　DHCP 工作原理示意图

5．在网络中配置 DHCP 服务器的优点

（1）管理员可以集中为整个互联网指定通用和特定子网的 TCP/IP 参数，并且可以定义使用保留地址的客户机的参数。

（2）提供安全可信的配置。DHCP 避免了在每台计算机上手工输入数值引起的配置错误，还可以防止网络上计算机配置地址的冲突。

（3）使用 DHCP 服务器可以大大减少配置花费的开销和重新配置网络上计算机的时间。服务器可以在指派地址租用时配置所有的附加配置值。

（4）客户机不需要手工配置 TCP/IP。

（5）客户机在子网间移动时，旧的 IP 地址自动释放以便再次使用。再次启动客户机时，DHCP 服务器会自动为客户机重新配置 TCP/IP。

五、实验过程与步骤

1．安装 DHCP 服务

在 Windows Server 2003 中选择"开始"→"设置"→"控制面板"→"添加或删除程序"→"添加/删除 Windows 组件"命令，选中"网络服务"复选框，单击"详细信息"按钮，选中"动态主机配置协议（DHCP）"复选框，单击"确定"按钮开始安装。安装结束后，重新启动系统。如果计算机上已经安装了 DHCP 协议，这一步可以省略。

2．启动 DHCP 控制台、添加 DHCP 服务器

DHCP 服务安装完成后，并不能立即为客户端计算机自动分配 IP 地址，还需要一些设置工作。

（1）选择"开始"→"设置"→"控制面板"→"管理工具"→DHCP 命令，激活 DHCP 控制台窗口。

（2）选择"操作"→"添加服务器"命令，激活"添加服务器"窗口，输入添加服务器的 IP 地址（实验时可根据实际环境添加 IP 地址），单击"确定"按钮，服务器添加完成，如图 13-2 所示。

3．配置 DHCP 服务器

"作用域"是 DHCP 分配给客户机的 IP 地址范围，不设置作用域，DHCP 是无效的。

（1）在上一步打开的 DHCP 控制台窗口中，在左窗格中右击 DHCP 服务器名称，在弹出的快捷菜单中选择"新建作用域"命令，出现"新建作用域向导"对话框，单击"下一步"按钮，在弹出对话框的名称后面的文本框中输入使用域的名称（比如 student），单击"下一步"按钮，出现图 13-3 所示的"新建作用域向导 – IP 地址范围"对话框。

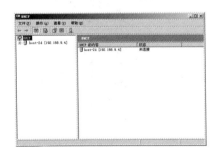

图 13-2　DHCP 管理器对话框　　　　图 13-3　"新建作用域向导 – IP 地址范围"对话框

（2）设置作用域。作用域"名称"项只是为了提示使用者，可填写任意内容。但是设置可分配的 IP 地址范围就不能马虎了，要按照网络的规模规划 IP 地址，这里设定为"192.168.9.1 ～ 192.168.9.244"，需要在"起始 IP 地址"项填写 "192.168.9.1"， "结束 IP 地址"项填写 "192.168.9.244"， "子网掩码"为"255.255.255.0"，如图 13-3 所示。

（3）排除 IP 地址范围。单击图 13-3 中的"下一步"按钮，出现图 13-4 所示的"新建作用域向导 – 添加排除"对话框；有时候，希望 IP 地址段中留出一部分专用，如分配给服务器使用，则需要填写排除的起始 IP 地址和结束 IP 地址。在图 13-4 所示对话框中，分别输入欲保留的单个 IP 地址或在 IP 地址范围后单击"添加"按钮，否则直接单击"下一步"按钮出现图 13-5 所示的"新建作用域向导 – 租约期限"对话框。

（4）设置租约期限。在图 13-5 所示的对话框中可设定 DHCP 服务器所分配的 IP 地址的有效期，默认为 8 天。如果没有特殊要求保持默认值不变；如果网络中的计算机数量基本是固定的，则可以设为较长的时间，否则设置短一些的时间，单击"下一步"按钮。

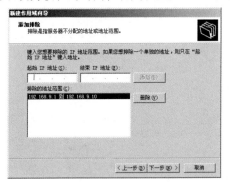

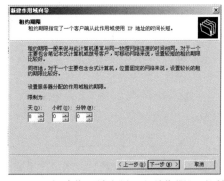

图 13-4 "新建作用域向导 – 添加排除"对话框　　　图 13-5 "新建作用域向导 – 租约期限"对话框

（5）设置其他项目。在打开的"配置 DHCP 选项"向导页中，选中"是，我想现在配置这些选项"，再单击"下一步"按钮出现"新建作用域向导-路由器（默认网关）"对话框。根据实际情况输入网关地址，并单击"添加"按钮。如果没有可以不填，直接单击"下一步"按钮，如图 13-6 所示。

（6）在打开的"新建作用域向导-域名称和 DNS 服务器"对话框中，输入"父域"名称、"服务器名"及 DNS 服务器的"IP 地址"，单击"添加"按钮，再单击"下一步"按钮，如图 13-7 所示。如果网络中没有安装 DNS 服务器，则直接单击"下一步"按钮。

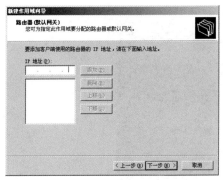

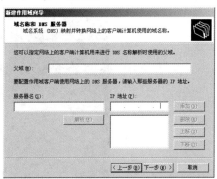

图 13-6 "新建作用域向导-路由器　　　　图 13-7 "新建作用域向导域名称
（默认网关）"对话框　　　　　　　　和 DNS 服务器"对话框

（7）在打开的"新建作用域向导–WINS 服务器"对话框中，因为网络中没有安装 WINS 服务器，所以可以不填，直接单击"下一步"按钮。

（8）在打开的"新建作用域向导–激活作用域"对话框中，选中"是，我想现在激活此作用域"单选按钮，并单击"下一步"按钮完成配置，如图 13-8 所示。

4．DHCP 客户端的设置

DHCP 需要客户端的配合才能工作。在客户机上右击"网上邻居"图标，在弹出的快捷菜单中选择"属性"命令，弹出"网络连接"对话框，选择"Internet 协议（TCP/IP）"项，再单击"属性"按钮，打开"TCP/IP 属性"对话框。如果原来是设置成"指定 IP 地址"，则将其更改为"自动获得 IP 地址"即可，如图 13-9 所示。

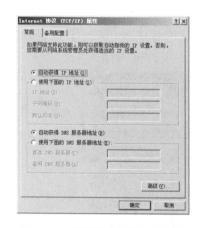

图 13-8 "新建作用域向导–激活作用域"对话框　　　图 13-9 "TCP/IP 属性"对话框

至此，DHCP 服务器端和客户端已经全部设置完成，一个基本的 DHCP 服务器环境已经部署成功。在 DHCP 服务器正常运行的情况下，首次开机的客户端会自动获取一个 IP 地址，并拥有 8 天的使用期限。

5．测试 DHCP 服务器是否正常工作

在客户机打开命令提示符窗口，在命令行输入 ipconfig/all 命令，查看此时客户机的 IP 地址，就会看到客户机已经获得了 DHCP 服务器指定范围内的一个 IP 地址，如图 13-10 所示。如果不能获取 DHCP 服务器指定范围内的 IP 地址，则有可能 DHCP 服务器配置不正确，请检查并重新配置。

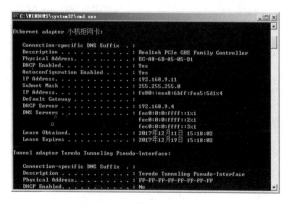

图 13-10 获取的 IP 地址

当在命令行输入 ipconfig/release 命令后，客户端计算机的租用 IP 地址便重新交付给 DHCP 服务器（即归还 IP 地址），如图 13-11 所示。

图 13-11 释放 IP 地址

当在命令行输入 ipconfig/renew 命令，客户端计算机设法与 DHCP 服务器取得联系，并重新租用一个 IP 地址，如图 13-12 所示。

图 13-12 重新租用 IP 地址

在 DHCP 服务器的"地址租约"栏中可以看见为客户端计算机分配 IP 地址的相关信息，如图 13-13 所示。

图 13-13 DHCP 服务器分配 IP 地址信息

六、思考题

（1）什么叫 DHCP？作用域有何作用？在什么系统里安装 DHCP？如何安装？

（2）网络管理中，备份一些必要的配置信息比较重要，以便当网络出现故障时，能够及时恢复正确的配置信息，保证网络正常的运转。如何对 DHCP 服务器的配置信息进行备份和还原呢？

七、实验报告

请按照实验报告的格式要求（见附录 A）撰写实验报告。

第四章　eNSP 网络仿真平台的使用

实验十四

eNSP 网络仿真平台的使用

一、实验目的

（1）了解 eNSP 网络仿真实验平台。

（2）知道如何下载和安装 eNSP。

（3）熟悉 eNSP 界面及主要功能。

二、实验设备

计算机一台。

三、实验内容

（1）下载安装 eNSP。

（2）熟悉 eNSP 界面。

（3）介绍主界面重点项目。

四、实验原理

eNSP（enterprise network simulation platform）是一款由华为公司自主研发的图形化网络仿真工具，主要对路由器、交换机、防火墙、WLAN 等物理设备进行软件仿真，模拟网络工程实景，让学生摆脱真实设备的局限。

本实验内容全部建立在 eNSP 基础上，仿真内容使用与真实设备完全一致的 VRP 操作系统，帮助学生深刻理解计算机组网的操作原理，协助师生进行网络工程的探索与创新。

五、实验过程与步骤

如果实际的实验环境中已经安装好了 eNSP，以下 1、2 步可省略，其过程仅供参考。

1. 下载 eNSP

eNSP 完全免费，可访问华为官网（www.huawei.com），注册、登录后下载获取。访问路径为：华为官网→技术支持→企业用户→软件下载→网络管理→eNSP→下载最新版 eNSP 安装包，主要步骤如图 14-1、图 14-2 所示。本书使用的 eNSP 版本为 V100R002C00B500。

图 14-1　软件下载路径

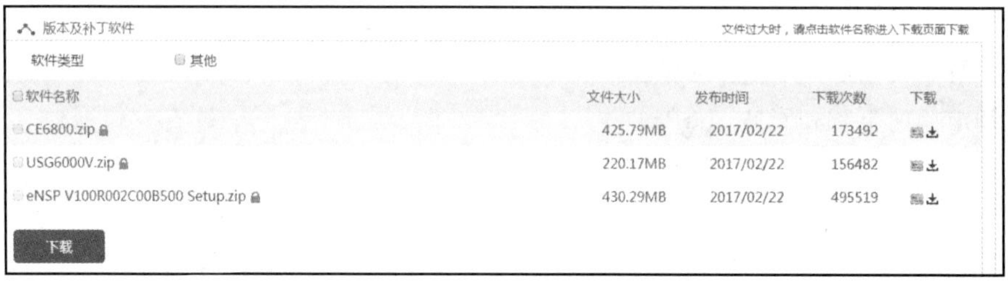

图 14-2　下载 eNSP 安装包

2. 安装 eNSP

eNSP 对系统的最低配置要求为：CPU 双核 2.0 GHz 或以上，内存 2 GB，空闲磁盘空间 2 GB，操作系统为 Windows XP、Windows Server 2003、Windows 7 或 Windows 10，在最低配置的系统环境下组网设备最大数量为 10 台。

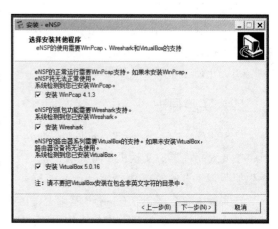

在华为官网下载最新版的 eNSP 安装包，解压后安装，按提示步骤进行即可。首次安装时，注意要将 WinPcap、Wireshark、VirtualBox 这三个软件全部安装，如图 14-3 所示。

3. 熟悉 eNSP 界面

双击启动 eNSP，运行主界面如图 14-4 所示。

图 14-3　安装 eNSP

eNSP 主界面分为五个区域，分别为：

（1）区域 1 是主菜单，有文件、编辑、视图、工具、考试、帮助功能。

（2）区域 2 是工具栏，提供常用工具，如新建拓扑、文本、显示所有接口等。

（3）区域 3 是网络设备区，提供设备和网线，供选择到工作区。

（4）区域 4 是工作区，在此区域创建网络拓扑。

（5）区域 5 是设备接口区，显示设备接口和运行状态。

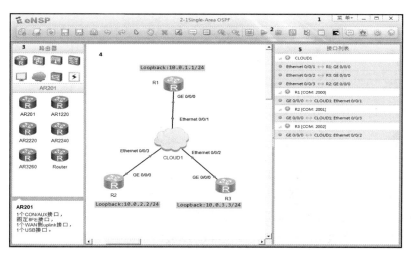

图 14-4　eNSP 主界面

4．主界面重点项目介绍

（1）设置软件参数。选择"菜单"→"工具"→"选项"命令，在弹出的对话框中设置软件参数，如图 14-5 所示。

在"界面设置"中设置拓扑中的元素显示效果，比如是否显示设备标签和型号，是否显示背景图。在"工作区域大小"中可设置工作区域的宽度和长度。

在"CLI 设置"中设置命令行的信息保存方式。CLI（command line interface）是命令行界面，用户在提示符下键入指令，计算机接收后执行。当选中"记录日志"时，设置命令行的显示行数和保存位置，当命令行界面内容行数超过"显示行数"中的设置值时，系统将自动保存超过行数的内容到"保存路径"中指定的位置。

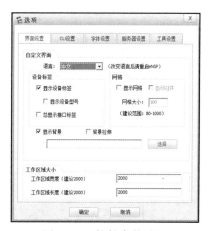

图 14-5　软件参数设置

在"字体设置"中设置命令行界面和拓扑描述框的字体、颜色等参数。

在"服务器设置"中设置服务器端参数。

在"工具设置"中指定"引用工具"的具体路径。

（2）选取设备类别。选择"菜单"→"视图"→"工具栏"→"左工具栏"命令，弹出网络设备区，图标说明见表 14-1。该区域提供 eNSP 支持的设备类别，根据此处的选择，设备型号区出现相应设备和接口参数，可直接拖至工作区，系统默认添加第一个设备。

表 14-1　设备类别表

图　标	说　明	图　标	说　明
	路由器		交换机
	无线设备		防火墙

续表

图 标	说 明	图 标	说 明
	终端设备		其他设备
	自定义设备		连接线

（3）观察接口列表。选择"菜单"→"视图"→"工具栏"→"右工具栏"命令，弹出设备接口区，如图 14-6 所示。此区域显示拓扑中的设备和设备已连接的接口，通过观察指示灯可以了解接口运行状态：红色表示设备未启动或接口处于物理 DOWN 状态；绿色表示设备已启动或接口处于物理 UP 状态；蓝色表示正在采集报文。

（4）巧用向导和系统自带的案例。选择"菜单"→"文件"→"向导"命令，弹出引导界面，如图 14-7 所示。

图 14-6 接口列表

图 14-7 eNSP 引导界面

引导界面的样例中，包含了二十多个华为提供的拓扑案例，其中大部分案例都已配置完成，可直接启动运行。用户可通过相应命令查看接口配置，为自行设计提供参考。如有疑问就使用学习功能，调用帮助信息来掌握 eNSP 的基本操作方法。

（5）采集数据报文。选择"菜单"→"工具"→"数据抓包"命令，弹出"采集数据报文"对话框，如图 14-8 所示。

注意：只有当设备处于启动状态，即指示灯为绿色，接口处于物理 UP 状态时，才能采集数据。选中设备，指定接口，单击"开始抓包"按钮进行报文采集，对应的设备接口指示灯为蓝色；单击"停止抓包"按钮停止采集。

图 14-8 "采集数据报文"对话框

六、思考题

在自己的计算机上安装 eNSP，安装完毕后，打开网络连接，如图 14-9 所示。各版本的 Windows 启动网络连接的路径不同，请读者自行寻找。打开网络连接后，查看一个名为 VirtualBox Host-Only Network 的虚拟连接，这是运行 eNSP 时必须启动的一个连接，不用时可禁用，以免影响计算机的其他应用。

图 14-9　网络连接

七、实验报告

请按照实验报告的格式要求（见附录 A）撰写实验报告。

实验 十五
简单拓扑结构模拟

一、实验目的

（1）了解 VRP 和 CLI 的概念及作用。

（2）独立完成一个简单网络项目的 IP 编址、拓扑绘制和设备启用。

（3）熟练使用 VRP 命令配置 IP 地址、查看路由表和测试连通性，会使用数据抓包功能。

二、实验设备

计算机一台，安装有 eNSP 虚拟仿真软件。

三、实验内容

本实验模拟一个简单的网络场景。学校新建两个计算机实验室 702 和 703，702 有 15 台计算机，703 有 20 台计算机；购买了 1 台路由器，型号为华为 AR2240；2 台 24 口的交换机，型号为华为 S5700。要求两个实验室可以互通，请设计出网络拓扑。

四、实验原理

VRP（versatile routing platform）是华为公司全系列数据通信产品通用的网络操作系统，其功能就如同微软公司的 Windows 操作系统之于 PC，苹果公司的 iOS 操作系统之于 iPhone。目前，华为产品在全球网络通信中应用广泛，VRP 操作系统运行在各种硬件平台上，使用相同的管理界面，为用户提供网络工程解决方案。

新购买的华为网络设备初始值为空，要使它具有网络划分、网址分配、文件传输和网络互通等功能，首先需要进入该设备的命令行界面 CLI，再使用相应的 VRP 命令进行配置，如图 15-1 所示。

VRP 命令多达千条，采用分级管理，不同的用户权限对应不同的命令级别，用户只能执行等于或低于自己级别的命令。在实际应用中，网络管理员必须记住一些常用命令的格式和用法，其他命令可使用在线帮助或命令手册查阅。

本实验全部在 eNSP 网络仿真软件上实现，使用的绝大多数命令在前面的实验中均有提及，与在真实网络设备上操作 VRP 系统的方法完全一致，具体的命令用法可参见前文的介绍。

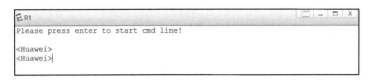

图 15-1　CLI 命令行界面

五、实验过程与步骤

设计一个网络项目，尤其是规模较大的网络项目，需要管理员具有丰富的专业知识和执行能力，在项目没有真实启动之前，使用 eNSP 进行模拟设计，模拟工程的布局、运行、调试和安全测试，能够帮助管理员高效优质地完成项目。

本实验以新建计算机实验室 702 和 703 为应用场景，在 eNSP 平台上实现一个简单网络拓扑的设计。

1. 规划实验编址

在实验开始之前，需要先规划计算机的 IP 地址范围和路由器网关地址。

将实验室 702 的 15 台计算机的 IP 地址设定为 192.168.2.1~192.168.2.15，实验室 703 的 20 台计算机的 IP 地址设定为 192.168.3.1~192.168.3.20；实验室 702 的路由器网关为 192.168.2.254，实验室 703 的路由器网关为 192.168.3.254。

以上设计内容通常采用实验编址表的形式来表达，如表 15-1 所示，表中的 Ethernet 接口表示以太网接口，GE 接口表示千兆以太网接口，N/A 表示 Not Applicable，即不适用。

表 15-1　实验编址表

设备	接口	IP 地址	子网掩码	默认网关
702 室 PC1	Ethernet 0/0/1	192.168.2.1	255.255.255.0	192.168.2.254
至 PC15	Ethernet 0/0/15	192.168.2.15	255.255.255.0	192.168.2.254
703 室 PC1	Ethernet 0/0/1	192.168.3.1	255.255.255.0	192.168.3.254
至 PC20	Ethernet 0/0/20	192.168.3.20	255.255.255.0	192.168.3.254
路由器 R1	GE 0/0/0	192.168.2.254	255.255.255.0	N/A
	GE 0/0/1	192.168.3.254	255.255.255.0	N/A

2. 设计网络拓扑

双击运行 eNSP，在工具栏上单击"新建拓扑"按钮，在网络设备区选择路由器，将设备型号为 AR2240 的路由器选中至工作区，用右键、【Esc】键或工具栏上的"恢复鼠标"均可解除选中状态。

同理，选择交换机和终端，每个实验室只需画出两台 PC，其他的可省略。在网络设备区选择设备连线，选中 copper 以太网线，连接各设备，完成后的网络拓扑图如图 15-2 所示。特别留意接口序号要与表 15-1 和图 15-2 的接口序号一致，否则会影响后续的配置命令，而导致网络不通。

注意：图 15-2 中显示的 PC 终端上的 IP 地址，是为了方便看图，用工具栏上的"文本"方式输入的。各设备的名称可选中修改，接口显示的位置也可拖动调整，如果想要用颜色来划分区域，可使用"调色板"功能。选择"菜单"→"文件"→"保存拓扑"命令，将图形保存，这个功能在工具栏中也能找到。

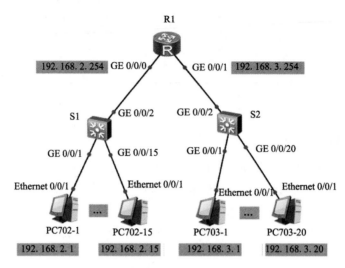

图 15-2 实验室 702 与 703 的网络拓扑图

3. 启动设备

网络拓扑设计完成以后，就可以启动设备了。有三种启动方法：右击设备，在弹出的快捷菜单中选择"启动"命令；或在工作区中选定一个区域，选择"菜单"→"工具"→"启动设备"命令来批量启动该区域的设备；或不选定任何设备，单击工具栏中的"开启设备"来启动工作区的全部设备，这三种启动方法作用是一样的。

设备启动需要一个过程，尤其是当计算机性能较差而网络拓扑结构又比较复杂的时候，路由器启动尤其显得缓慢，请耐心等待。双击路由器出现 CLI 界面，如果一直不停地闪动"#"符号，说明正在启动中，直到出现提示符<Huawei>，才算启动成功。

同时，注意观察工作区中的连线指示灯，或设备接口区中的接口指示灯颜色的变化，红色表示设备间未连通，绿色表示设备间已连通。注意，如果在设备未完全启动的情况下就进行后续操作，则很有可能不能配置或者 ping 不通。

4. 配置 IP 地址

设备完全启动以后，首先配置 PC 的 IP 地址。选中终端 PC702-1，双击进入配置界面，在"基础配置"选项卡中，按照表 15-1 的内容输入主机名、IP 地址、子网掩码和网关，然后单击"应用"，配置完成后退出，如图 15-3 所示。

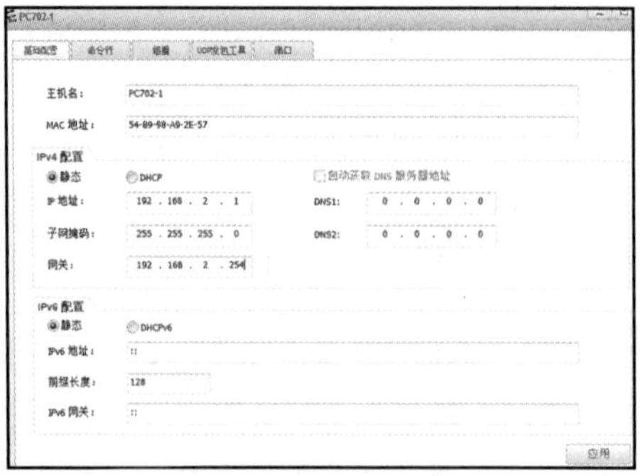

图 15-3 PC702-1 的配置界面

参照 PC702-1 的操作过程，继续配置 PC702-15、PC703-1 和 PC703-20。

然后配置路由器 R1 接口的 IP 地址。选中 R1，双击打开命令行界面 CLI，随即进入用户视图，此时屏幕上显示：

```
<Huawei>
```

路由器主机名是默认的 Huawei，若要更改主机名，必须进入系统视图，命令如下：

```
<Huawei> system-view
[Huawei]
```

这时提示符由 <Huawei> 变成了 [Huawei]，表示已经进入了系统视图模式，使用 sysname 命令将路由器主机名修改为 R1，命令如下：

```
[Huawei] sysname  R1
[R1]
```

使用 interface 命令进入路由器接口视图 GE 0/0/0，命令如下：

```
[R1] interface  GigabitEthernet  0/0/0
[R1-GigabitEthernet0/0/0]
```

在接口视图下，配置路由器 R1 的 0/0/0 接口的 IP 地址和子网掩码，命令如下：

```
[R1-GigabitEthernet0/0/0] ip  address  192.168.2.254  255.255.255.0
```

配置完成后，使用 display 命令查看接口与 IP 的摘要信息，命令如下：

```
[R1-GigabitEthernet0/0/0] display  ip  interface  brief
```

命令输完，按【Enter】键后，屏幕显示如图 15-4 所示信息。

```
[R1-GigabitEthernet0/0/0]display  ip  interface  brief
*down: administratively down
^down: standby
(l): loopback
(s): spoofing
The number of interface that is UP in Physical is 3
The number of interface that is DOWN in Physical is 1
The number of interface that is UP in Protocol is 2
The number of interface that is DOWN in Protocol is 2

Interface                     IP Address/Mask      Physical   Protocol
GigabitEthernet0/0/0          192.168.2.254/24     up         up
GigabitEthernet0/0/1          unassigned           up         down
GigabitEthernet0/0/2          unassigned           down       down
NULL0                         unassigned           up         up(s)
```

图 15-4　GE 0/0/0 配置后 display 命令的结果

可以观察到，路由器 R1 接口 GE 0/0/0 的 IP 地址已经配置完成，Physical 为 UP，即接口的物理状态处于正常启动的状态；Protocol 为 UP，即接口的链路协议状态处于正常启动的状态。然后退出 GE 0/0/0，命令如下：

```
[R1-GigabitEthernet0/0/0] quit
```

同理，配置路由器 R1 的 0/0/1 接口的 IP 地址和子网掩码。如果对命令非常熟悉，可以采用简写的方式配置，命令如下：

```
[R1] int  g  0/0/1
[R1-GigabitEthernet0/0/1] ip  add  192.168.3.254  24
[R1-GigabitEthernet0/0/1] q
```

注意：即便是简写，也要保证所输入的命令关键字是唯一的，否则不会执行。

如果忘记命令，可以使用在线帮助功能，输入"？"，查看相关命令。如果输入命令首部分，可以使用【Tab】键选择性补齐命令，比如：

```
[R1] inter?
  interface  Specify the interface configuration view
```

```
[R1] inter <Tab>
[R1] interface
```
配置完成后，再次确认接口与 IP 的摘要信息，命令如下：
```
[R1] display ip interface brief
```
命令输完，按【Enter】键后，屏幕显示如图 15-5 所示信息。

```
[R1] display ip interface brief
*down: administratively down
^down: standby
(1): loopback
(s): spoofing
The number of interface that is UP in Physical is 3
The number of interface that is DOWN in Physical is 1
The number of interface that is UP in Protocol is 3
The number of interface that is DOWN in Protocol is 1

Interface                      IP Address/Mask    Physical   Protocol
GigabitEthernet0/0/0           192.168.2.254/24   up         up
GigabitEthernet0/0/1           192.168.3.254/24   up         up
GigabitEthernet0/0/2           unassigned         down       down
NULL0                          unassigned         up         up(s)
```

图 15-5 GE 0/0/1 配置后 display 命令的结果

可以观察到，路由器 R1 的 GE 0/0/0 和 GE 0/0/1 接口的 IP 地址已经配置完成。物理接口工作正常，接口的链路协议状态处于正常启动的状态。

5. 查看路由表

路由器 IP 地址配置完成以后，可以使用 "display ip routing-table" 命令查看 R1 的 IPv4 路由表的信息，命令如下：

```
[R1] display ip routing-table
```
命令输完，按【Enter】键后，屏幕显示如图 15-6 所示信息。

```
[R1]display ip routing-table
Route Flags: R - relay, D - download to fib
------------------------------------------------------------------
Routing Tables: Public
         Destinations : 10      Routes : 10

Destination/Mask     Proto  Pre  Cost    Flags NextHop        Interface
      127.0.0.0/8    Direct 0    0       D     127.0.0.1      InLoopBack0
      127.0.0.1/32   Direct 0    0       D     127.0.0.1      InLoopBack0
127.255.255.255/32   Direct 0    0       D     127.0.0.1      InLoopBack0
    192.168.2.0/24   Direct 0    0       D     192.168.2.254  GigabitEthernet
0/0/0
   192.168.2.254/32  Direct 0    0       D     127.0.0.1      GigabitEthernet
0/0/0
   192.168.2.255/32  Direct 0    0       D     127.0.0.1      GigabitEthernet
0/0/0
    192.168.3.0/24   Direct 0    0       D     192.168.3.254  GigabitEthernet
0/0/1
   192.168.3.254/32  Direct 0    0       D     127.0.0.1      GigabitEthernet
0/0/1
   192.168.3.255/32  Direct 0    0       D     127.0.0.1      GigabitEthernet
0/0/1
255.255.255.255/32   Direct 0    0       D     127.0.0.1      InLoopBack0
```

图 15-6 路由器 R1 的路由表

在图 15-6 这个路由表（Routing Table）中，每一条就是一个路由信息，它包括：目的地/掩码（Destination/Mask）、下一跳 IP 地址（NextHop）和出接口（Interface）。从 Destination/Mask 为 192.168.2.0/24 这一条来看，路由器 R1 在 GE 0/0/0 这个接口上，直连了一个 192.168.2.0/24 的网段，其含义是：如果 R1 需要将报文送往 192.168.2.0/24 这个目的地网络，那么 R1 应该把这个报文从 GE 0/0/0 接口发送出去，它的下一跳 IP 地址是 192.168.2.254。

同理，可以理解 Destination/Mask 为 192.168.3.0/24 那一行的含义。

6. 测试连通性

用 ping 命令测试路由器 R1 与 PC702-1 的连通性，进行直连网段的连通测试，命令如下：
```
<R1> ping 192.168.2.1
```

命令输完，按【Enter】键后，屏幕显示如图 15-7 所示信息。

```
<R1>ping 192.168.2.1
 PING 192.168.2.1: 56  data bytes, press CTRL_C to break
   Reply from 192.168.2.1: bytes=56 Sequence=1 ttl=128 time=220 ms
   Reply from 192.168.2.1: bytes=56 Sequence=2 ttl=128 time=80 ms
   Reply from 192.168.2.1: bytes=56 Sequence=3 ttl=128 time=40 ms
   Reply from 192.168.2.1: bytes=56 Sequence=4 ttl=128 time=30 ms
   Reply from 192.168.2.1: bytes=56 Sequence=5 ttl=128 time=50 ms

 --- 192.168.2.1 ping statistics ---
   5 packet(s) transmitted
   5 packet(s) received
   0.00% packet loss
   round-trip min/avg/max = 30/84/220 ms
```

图 15-7　测试 R1 与 PC702-1 的连通性

以上结果说明连通性正常。同样方法测试路由器 R1 到 PC702-15、PC703-1 和 PC703-20 的连通性，全部连通才算正确。

直连网段连通性测试完毕后，测试非直连设备的连通性，即 PC702-1、PC702-15、PC703-1 和 PC703-20 相互之间的连通性。关闭路由器 R1 的 CLI，选中 PC702-1，双击进入配置界面，单击"命令行"选项卡，此命令行如同 PC 的 DOS 窗口一样，可执行基本命令，如图 15-8 所示。

测试 PC702-1 到 PC703-1 之间的连通性，命令如下：

```
PC> ping 192.168.3.1
```

命令输完，按【Enter】键后，屏幕显示如图 15-9 所示信息。

```
PC>ping 192.168.3.1

Ping 192.168.3.1: 32 data bytes, Press Ctrl_C to break
From 192.168.3.1: bytes=32 seq=1 ttl=127 time=94 ms
From 192.168.3.1: bytes=32 seq=2 ttl=127 time=47 ms
From 192.168.3.1: bytes=32 seq=3 ttl=127 time=62 ms
From 192.168.3.1: bytes=32 seq=4 ttl=127 time=78 ms
From 192.168.3.1: bytes=32 seq=5 ttl=127 time=125 ms

--- 192.168.3.1 ping statistics ---
  5 packet(s) transmitted
  5 packet(s) received
  0.00% packet loss
  round-trip min/avg/max = 47/81/125 ms
```

图 15-8　PC702-1 命令行　　　　图 15-9　测试 PC702-1 到 PC703-1 之间的连通性

以上结果说明连通性正常，继续测试 PC702-1 到 PC702-15、PC703-20 的连通性，全部连通才算正确。

同理，测试 PC702-15、PC703-1 和 PC703-20，全部连通才算正确。

7. 使用抓包工具

以抓取路由器 R1 上 GE 0/0/0 接口的数据包为例。选中路由器 R1，右击，在弹出的快捷菜单中选择"数据抓包"命令，再选中接口 GE 0/0/0，此时应用程序 Wireshark 启动，如图 15-10 所示。

Wireshark 是一个网络封包分析软件，其功能是获取网络封包，并尽可能显示出最为详细的网络封包资料。Wireshark 直接与网卡进行数据报文交换。

双击数据包可查看详细的数据内容，如果不需要继续抓包，在 Wireshark 主界面的工具栏上单击 Stop the running live capture 图标，停止抓包。有兴趣的读者可以进一步研究，此处不再赘述。关闭 Wireshark，保存或不保存，返回 eNSP 主界面。

还有一种方式可以启动 Wireshark，单击 eNSP 工具栏中的"数据抓包"按钮，再选择设备，选取接口，调用 Wireshark，如果不需要继续抓包，单击"停止抓包"按钮即可。

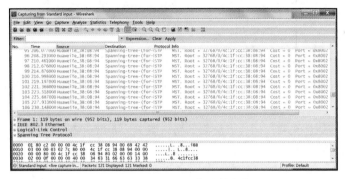

图 15-10　Wireshark 获取数据报文

六、思考题

（1）查看接口状态命令 display ip interface brief 比较长，在实际操作中又经常使用，考虑如何简单且准确地输入这条命令，并在 CLI 中验证执行。

（2）在本实验中，计算机实验室 702 和 703 分别有 15 台和 20 台计算机，使用两台 24 口的华为交换机 S5700，如果现在打算扩容，702 总计安装 35 台计算机，703 总计安装 50 台计算机，那么网络拓扑图该怎样修改？

七、实验报告

请按照实验报告的格式要求（见附录 A）撰写实验报告。

实验 十六

多交换机划分 VLAN 实验

一、实验目的

（1）了解交换机接口的三种类型：Access、Trunk 和 Hybrid，理解 Access Link 和 Trunk Link 的应用场景。

（2）能够使用 Display 命令查看交换机的 VLAN 信息和接口配置。

（3）掌握 Trunk 接口的工作机制和配置方法，熟练使用相关命令允许多个 VLAN 通过 Trunk 接口。

二、实验设备

计算机一台，安装有 eNSP 虚拟仿真软件。

三、实验内容

本实验模拟某小型企业的网络场景。企业有员工百余名，分布在若干条生产线上，现有网络为一个以交换机为主的局域网，网内全部互通。管理者希望生产部、销售部和质检部能够分别实现内部通信，不同部门之间不能互通，请划分 VLAN。

四、实验原理

本实验的实验原理和相关命令，是建立在先前内容的基础之上的，如有遗忘，请自行复习实验五"单交换机 VLAN 实验"和实验六"跨交换机 VLAN 实验"，然后再继续学习本实验的内容。

1. 交换机的接口类型

交换机的接口类型有三种，分别是 Access 接口、Trunk 接口和 Hybird 接口。

在一个支持 VLAN 特性的网络中，交换机与计算机直接相连的链路称为 Access 链路（Access link），在该链路上位于交换机一侧的接口称为 Access 接口，一个 Access 接口只能属于某个特定的 VLAN，并且只能让属于这个特定 VLAN 的报文通过。

在交换网络中，交换机之间直接相连的链路称为 Trunk 链路（Trunk link），位于该链路两端的交换机接口称为 Trunk 接口，一个 Trunk 接口可以同时属于多个 VLAN，并且可以让属于不同 VLAN 的报文通过。

在默认情况下，交换机的接口被设置为 Hybrid 接口，这种类型的接口既可以用于直接连接计算机，也可以用于交换机之间的连接，还可以直接连接路由器，既可以转发特定 VLAN 的报文，也可以转发多个 VLAN 的报文。

Hybrid 接口的工作机制比 Access 接口和 Trunk 接口更加丰富灵活，当 Hybrid 接口配置中的 Untagged VLAN ID 列表中有且只有 PVID 时，Hybrid 接口就等同于一个 Trunk 接口；当 Hybrid 接口配置中的 Untagged VLAN ID 列表中有且只有 PVID 时，并且 Tagged VLAN ID 列表为空时，Hybrid 接口就等同于一个 Access 接口。Hybrid 接口的使用范围比 Access 接口和 Trunk 接口更加高级，也更加复杂。

2．Hybrid 接口的一般应用

在实验十五中，各 PC 通过交换机与路由器相连，但只配置了 PC 的 IP 地址和路由器的 GE 接口，却并未配置交换机的任何接口，实验结果是成功的。

在实际使用当中，交换机确实可以不做任何配置直接使用，这是因为交换机上的所有接口都被默认为 Hybrid 类型，接口的 PVID 都是 VLAN1，即所有接口收到没有标签的两层数据报文，都会转发到 VLAN1 中，并且继续以 Untagged 的方式把报文发送到同为 VLAN1 的其他接口上。所以，即使没有做专门的配置，由交换机连接的各个设备之间仍然可以互相通信，如图 16-1 所示。

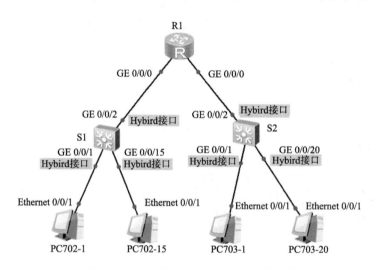

图 16-1　交换机 Hybrid 接口的拓扑应用

在图 16-1 的交换机 S1 上使用 display port vlan 命令，查看接口类型。选中 S1，双击打开命令行界面 CLI，进入用户视图，输入命令：

`<Huawei> display  port  vlan`

运行结果如图 16-2 所示，可以看到这个型号为 S5700 的华为交换机，共有 24 个接口，它所有接口的默认类型都是 Hybrid，接口 PVID 都是 VLAN 1。

在交换机 S1 上使用 display vlan 命令，查看接口和 VLAN 的对应关系，命令如下：

`<Huawei> display  vlan`

如图 16-3 所示，S1 的所有接口都默认属于 VLAN1，另一个交换机 S2 也是这样，因此，VLAN1 内所有终端都可以直接访问，不用配置。

```
<Huawei>display port vlan
Port                    Link Type  PVID  Trunk VLAN List
----------------------------------------------------------
GigabitEthernet0/0/1    hybrid     1     -
GigabitEthernet0/0/2    hybrid     1     -
GigabitEthernet0/0/3    hybrid     1     -
GigabitEthernet0/0/4    hybrid     1     -
GigabitEthernet0/0/5    hybrid     1     -
GigabitEthernet0/0/6    hybrid     1     -
GigabitEthernet0/0/7    hybrid     1     -
GigabitEthernet0/0/8    hybrid     1     -
GigabitEthernet0/0/9    hybrid     1     -
GigabitEthernet0/0/10   hybrid     1     -
GigabitEthernet0/0/11   hybrid     1     -
GigabitEthernet0/0/12   hybrid     1     -
GigabitEthernet0/0/13   hybrid     1     -
GigabitEthernet0/0/14   hybrid     1     -
GigabitEthernet0/0/15   hybrid     1     -
GigabitEthernet0/0/16   hybrid     1     -
GigabitEthernet0/0/17   hybrid     1     -
GigabitEthernet0/0/18   hybrid     1     -
GigabitEthernet0/0/19   hybrid     1     -
GigabitEthernet0/0/20   hybrid     1     -
GigabitEthernet0/0/21   hybrid     1     -
GigabitEthernet0/0/22   hybrid     1     -
GigabitEthernet0/0/23   hybrid     1     -
GigabitEthernet0/0/24   hybrid     1     -
```

```
<Huawei>display vlan
The total number of vlans is : 1

U: Up;         D: Down;        TG: Tagged;       UT: Untagged;
MP: Vlan-mapping;              ST: Vlan-stacking;
#: ProtocolTransparent-vlan;   *: Management-vlan;


VID  Type    Ports

1    common  UT:GE0/0/1(U)    GE0/0/2(U)    GE0/0/3(D)    GE0/0/4(D)
               GE0/0/5(D)     GE0/0/6(D)    GE0/0/7(D)    GE0/0/8(D)
               GE0/0/9(D)     GE0/0/10(D)   GE0/0/11(D)   GE0/0/12(D)
               GE0/0/13(D)    GE0/0/14(D)   GE0/0/15(U)   GE0/0/16(D)
               GE0/0/17(D)    GE0/0/18(D)   GE0/0/19(D)   GE0/0/20(D)
               GE0/0/21(D)    GE0/0/22(D)   GE0/0/23(D)   GE0/0/24(D)


VID  Status  Property   MAC-LRN Statistics Description

1    enable  default    enable  disable    VLAN 0001
```

图 16-2　查看交换机的默认 Hybird 接口　　　图 16-3　查看交换机接口与 VLAN 的对应关系

在交换机的三种接口类型中，Access 接口和 Trunk 接口是 Hybrid 接口的两个特例，一个仅支持一个 VLAN 的传递，一个默认支持所有 VLAN 的传递，而 Access 接口和 Trunk 接口能做到的，Hybrid 接口都能做到，Hybrid 接口比它们更加灵活，通常用来制定网络的过滤规则和访问控制，此处不做介绍。

3. Access 接口的转发示例

在实验五中，交换机 S1 分别连接了四台 PC，经过配置之后，PC1 和 PC3 划分到 VLAN10，PC2 和 PC4 划分到 VLAN20，如图 16-4 所示。交换机 S1 的四个接口：GE 0/0/1、GE 0/0/2、GE 0/0/3 和 GE 0/0/4 被配置为 Access 接口，用于与终端计算机连接。

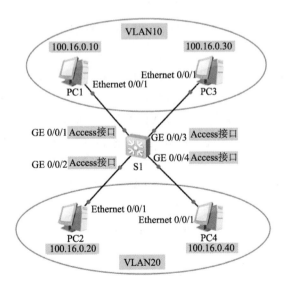

图 16-4　单交换机 VLAN 的 Access 接口

以 GE 0/0/1 为例，当 Access 接口从 PC1 上收到一个不带 VLAN 标签的数据报文时，会给该报文加上一个与自己的 PVID 一致的 VLAN 标签，即 VLAN10，然后将这个报文转发给其他的 GE 接口。当 GE 0/0/2 的 Access 接口收到这个报文时，会首先检查它的 VLANID 与自己的 PVID 是否相同，GE 0/0/2 被设置为 VLAN20，与待发报文不同，则直接丢弃。而与此同时，GE 0/0/3 的 Access

接口也收到了这个报文，发现其 VLANID 与自己的 PVID 相同，则在去掉 VLAN 标签后，将该报文发送给 PC3。

4．Trunk 接口的转发示例

在实验六中，交换机 S1 连接了两台 PC，交换机 S2 连接了两台 PC，交换机 S1 与 S2 通过 Trunk 链路连接，经过配置之后，PC1 和 PC3 划分到 VLAN10，PC2 和 PC4 划分到 VLAN20，如图 16-5 所示。

在图 16-5 中，交换机 S1 的 GE 0/0/1 和 GE 0/0/2，交换机 S2 的 GE 0/0/1 和 GE 0/0/2，都被配置为 Access 接口，用于与终端计算机连接。交换机 S1 的 GE 0/0/3 和交换机 S2 的 GE 0/0/3 被配置为 Trunk 接口，两个交换机之间形成一条 Trunk 链路。

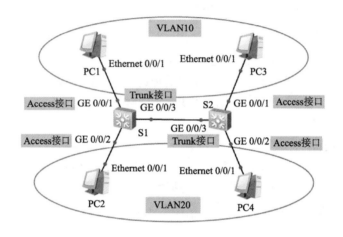

图 16-5　跨交换机 VLAN 的 Trunk 接口

一个以太网通常由许多台交换机组成，为了使 VLAN 的数据报文能够跨越多台交换机传递，交换机之间互连的链路需要配置为 Trunk 链路。和 Access 链路不同，Trunk 链路是用来在不同的设备之间，比如交换机和路由器之间、交换机和交换机之间承载多个不同的 VLAN 数据的。它不属于任何一个具体的 VLAN，可以传输所有的 VLAN 数据，也可以传输特定的 VLAN 数据。

对于每一个 Trunk 接口，除了要配置 PVID 之外，还必须要配置一个允许通过的 VLANID 列表。

以图 16-5 交换机 S1 的 GE 0/0/3 为例，当 Trunk 接口收到一个从 PC1 的 Access 接口发来的数据报文时，会查看其 PVID 是否在允许通过的 VLANID 列表中，如果不在，则直接丢弃；如果存在，则将该报文转发给交换机 S2 的 GE 0/0/3 接口。该接口也是一个 Trunk 接口，同样会查看自己的 VLANID 列表，如果不在，则丢弃；如果存在，则由 S2 的 Access 接口再做相应处理，最后将报文发送给 PC3。

五、实验过程与步骤

本实验要模拟的企业场景，是一个典型的交换网络，网络中只有计算机和交换机，如果某台计算机发送了一个广播报文，由于交换机对广播报文总是执行泛洪（flooding）操作，结果所有的计算机都能收到这个报文。这样的操作会诱发两个问题，即信息安全问题和垃圾流量问题，而且交换网络越大，广播域越大，上述问题就越严重。

为了解决这个问题，在交换机上部署 VLAN 机制，将一个规模较大的广播域在逻辑上划分成若干个规模较小的广播域，就可以有效地提升网络的安全性，减少垃圾流量，节约网络资源。

1. 实验编址表

企业现有网络已经存在，不需要重新规划 IP 地址，直接给出实验编址表，如表 16-1 所示。实验仅以三台交换机、六台 PC 终端为例。

表 16-1　实验编址表

设备	接口	IP 地址	子网掩码	默认网关
生产部 PC1	Ethernet 0/0/1	192.168.10.1	255.255.255.0	192.168.10.254
销售部 PC2	Ethernet 0/0/1	192.168.10.2	255.255.255.0	192.168.10.254
生产部 PC3	Ethernet 0/0/1	192.168.10.3	255.255.255.0	192.168.10.254
销售部 PC4	Ethernet 0/0/1	192.168.10.4	255.255.255.0	192.168.10.254
生产部 PC5	Ethernet 0/0/1	192.168.10.5	255.255.255.0	192.168.10.254
质检部 PC6	Ethernet 0/0/1	192.168.10.6	255.255.255.0	192.168.10.254

生产部 PC1、PC3、PC5 划分入 VLAN10，销售部 PC2、PC4 划分入 VLAN20，质检部 PC6 划分入 VLAN30。

2. 网络拓扑图

打开 eNSP，根据企业的实际情况和表 16-1 绘制出网络拓扑图，如图 16-6 所示。学生在绘制时，要特别留意接口序号要与表 16-1 和图 16-6 中的接口序号一致，否则会影响后续的配置命令，而导致 PC 终端 ping 不通。

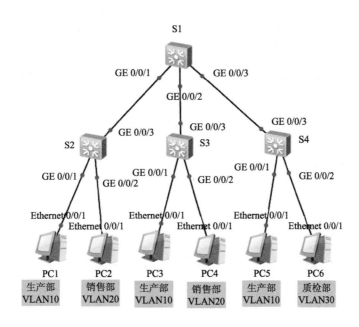

图 16-6　多交换机划分 VLAN 网络拓扑图

保存网络拓扑，启动设备，注意观察工作区中的连线指示灯，绿色表示设备间已连通。待所有设备都启动连通之后，再进行下一步。

3. 配置 IP，创建 VLAN

设备启动以后，首先根据表 16-1 配置 PC1~PC6 的 IP 地址，用 ping 命令检测连通性，在没有划分 VLAN 之前，各 PC 之间都能互通。设置方法参见实验十五。

然后在交换机 S2 上创建 VLAN10、VLAN20 和 VLAN30，命令如下：

```
<Huawei> system-view
[Huawei] sysname  S2
[S2] vlan  10
[S2] vlan  20
[S2] vlan  30
```

配置完成后，用 display VLAN 命令查看 S2 的 VLAN 信息，命令如下：

```
[S2-VLAN30] display  VLAN
```

结果如图 16-7 所示，从中可以观察到，VLAN10、VLAN20 和 VLAN30 已经配置好，VLAN1 是默认一直存在的。也可以使用 display vlan summary 命令查看 VLAN 的简要信息，命令如下：

```
[S2-VLAN30] display  vlan  summary
```

结果如图 16-8 所示。同理，配置交换机 S1、S3 和 S4。

```
[S2-vlan30]display vlan
The total number of vlans is : 4

U: Up;            D: Down;          TG: Tagged;           UT: Untagged;
MP: Vlan-mapping;                   ST: Vlan-stacking;
#: ProtocolTransparent-vlan;       *: Management-vlan;


VID  Type    Ports
────────────────────────────────────────────────────────────────────
1    common  UT:GE0/0/1(U)     GE0/0/2(U)     GE0/0/3(U)     GE0/0/4(D)
                GE0/0/5(D)     GE0/0/6(D)     GE0/0/7(D)     GE0/0/8(D)
                GE0/0/9(D)     GE0/0/10(D)    GE0/0/11(D)    GE0/0/12(D)
                GE0/0/13(D)    GE0/0/14(D)    GE0/0/15(D)    GE0/0/16(D)
                GE0/0/17(D)    GE0/0/18(D)    GE0/0/19(D)    GE0/0/20(D)
                GE0/0/21(D)    GE0/0/22(D)    GE0/0/23(D)    GE0/0/24(D)

10   common
20   common
30   common

VID  Status  Property    MAC-LRN Statistics Description
────────────────────────────────────────────────────────────────────
1    enable  default     enable  disable    VLAN 0001
10   enable  default     enable  disable    VLAN 0010
20   enable  default     enable  disable    VLAN 0020
30   enable  default     enable  disable    VLAN 0030
```

```
[S2-vlan30]display  vlan  summary
static vlan:
Total 4 static vlan.
 1 10 20 30

dynamic vlan:
Total 0 dynamic vlan.

reserved vlan:
Total 0 reserved vlan.
```

图 16-7　在交换机 S2 上创建 VLAN　　图 16-8　查看 S2 的 VLAN 简要信息

4. 创建 Access 接口

配置交换机 S2 上连接 PC 的接口 GE 0/0/1 和 GE 0/0/2 为 Access 模式，并划分到相应的 VLAN，命令如下：

```
[S2] interface  GigabitEthernet  0/0/1
[S2-GigabitEthernet0/0/1] port  link-type  access
[S2-GigabitEthernet0/0/1] port  default  VLAN  10
[S2-GigabitEthernet0/0/1] int  g  0/0/2
[S2-GigabitEthernet0/0/2] p  l  a
[S2-GigabitEthernet0/0/2] p  d  v  20
```

第 4、5、6 行命令采用了简写格式，熟练使用简写，会使配置过程简化很多，但要注意输入命令的关键字必须唯一，否则不会执行。配置完成后，用 display port vlan 查看 S2 的 VLAN 和接口配置情况，命令如下：

```
[S2-GigabitEthernet0/0/2] display  port  vlan
```

结果如图 16-9 所示。交换机 S3、S4 同理配置，但不包括 S1。

```
[S2-GigabitEthernet0/0/2]display port vlan
Port                    Link Type    PVID   Trunk VLAN List
--------------------------------------------------------------
GigabitEthernet0/0/1    access       10     -
GigabitEthernet0/0/2    access       20     -
GigabitEthernet0/0/3    hybrid       1      -
GigabitEthernet0/0/4    hybrid       1      -
GigabitEthernet0/0/5    hybrid       1      -
```

图 16-9　查看 S2 的 Access 接口配置情况

配置完成后，测试各 PC 之间的连通性。可以观察到，各 PC 之间已经不能 ping 通了，这是因为目前只在交换机与 PC 之间划分了 VLAN，但交换机与交换机之间的接口并未收到相应的信息，还无法实现传输控制。

5. 创建 Trunk 接口

配置交换机之间互连的接口为 Trunk 模式，并划分到相应的 VLAN。

在 S2 上配置 GE 0/0/3 为 Trunk 接口，允许 VLAN10 和 VLAN20 通过，命令如下：

```
[S2] int g 0/0/3
[S2-GigabitEthernet0/0/3] port link-type trunk
[S2-GigabitEthernet0/0/3] port trunk allow-pass VLAN 10 20
```

配置完成后，用 display port vlan 命令查看 S2 的接口配置，命令如下：

[S2-GigabitEthernet0/0/3] display port vlan

结果如图 16-10 所示，可以看到 Trunk VLAN List 即允许通过的 VLAN ID 列表。

交换机 S3、S4 同理配置，但不包括 S1。

```
[S2-GigabitEthernet0/0/3]display port vlan
Port                    Link Type    PVID   Trunk VLAN List
--------------------------------------------------------------
GigabitEthernet0/0/1    access       10     -
GigabitEthernet0/0/2    access       20     -
GigabitEthernet0/0/3    trunk        1      1 10 20
GigabitEthernet0/0/4    hybrid       1      -
GigabitEthernet0/0/5    hybrid       1      -
```

图 16-10　查看 S2 的 Trunk 接口配置情况

在 S1 上配置 GE 0/0/1、GE 0/0/2 和 GE 0/0/3 为 Trunk 接口，允许所有 VLAN 通过，命令如下：

```
[S1] int g 0/0/1
[S1-GigabitEthernet0/0/1] port link-type trunk
[S1-GigabitEthernet0/0/1] port trunk allow-pass vlan all
[S1-GigabitEthernet0/0/1] int g 0/0/2
[S1-GigabitEthernet0/0/2] p l t
[S1-GigabitEthernet0/0/2] p t a v a
[S1-GigabitEthernet0/0/2] int g 0/0/3
[S1-GigabitEthernet0/0/3] p l t
[S1-GigabitEthernet0/0/3] p t a v a
```

配置完成后，用 display port vlan 命令查看配置结果，命令如下：

[S1-GigabitEthernet0/0/3] d p v

结果如图 16-11 所示。从中可以观察到交换机 S1 的 GE 0/0/1、GE 0/0/2 和 GE 0/0/3 接口都已被配置为 Trunk 接口，允许所有 VLAN 通过（VLAN 1-4094）。

```
[S1-GigabitEthernet0/0/3]d p v
Port                     Link Type    PVID   Trunk VLAN List
───────────────────────────────────────────────────────────
GigabitEthernet0/0/1     trunk        1      1-4094
GigabitEthernet0/0/2     trunk        1      1-4094
GigabitEthernet0/0/3     trunk        1      1-4094
GigabitEthernet0/0/4     hybrid       1      -
GigabitEthernet0/0/5     hybrid       1      -
```

图 16-11　查看 S1 的 Trunk 接口配置情况

配置完成后，再次测试各 PC 之间的连通性，PC1、PC3、PC5 可互通，PC2、PC4 可互通，PC6 和谁也不通，划分 VLAN 完成。

六、思考题

（1）在配置交换机 S1 的 Trunk 接口时，命令 port trunk allow-pass vlan all 在本实验中能否使用 port trunk allow-pass vlan 10 20 30 来代替？

（2）当配置出错的时候，display 和 undo 命令配合使用可以查看和删除接口配置。在交换机上验证 undo port default vlan，undo port trunk pvid vlan，undo port trunk allow-pass vlan all 这几条命令的功能。

（3）如果交换机和 VLAN 数量很多时，手工配置并不是最好的方式，有兴趣的读者可尝试部署 GVRP 协议进行动态 VLAN 配置。

七、实验报告

请按照实验报告的格式要求（见附录 A）撰写实验报告。

实验十七

RIP 网络拓扑设计实验

一、实验目的

（1）读懂路由表，知道表中各栏目的内容及含义。

（2）了解路由信息的生成过程，熟练使用相关命令配置 RIP 动态路由。

二、实验设备

计算机一台，安装有 eNSP 虚拟仿真软件。

三、实验内容

本实验模拟一个创新企业的网络场景。该企业有三个分部，分散在一个创业园区的三栋大楼里面，各自都建有内部局域网。现在网络管理员要将它们连接起来，运行 RIP 协议，实现整个企业的互通。

四、实验原理

本实验的实验原理和相关命令，是建立在先前内容的基础之上的，如有遗忘，请自行复习实验八"路由器基本配置及直连路由实验"和实验九"路由信息协议（RIP）实验"，然后再继续学习本实验的内容。

假设 R1 是一台正在运行的路由器，执行 display ip routing-table 命令查看 R1 的路由表，显示信息如图 17-1 所示。

```
[R1] display ip rout
Route Flags: R - relay, D - download to fib
--------------------------------------------------------------------
Routing Tables: Public
         Destinations : 13      Routes : 13

Destination/Mask    Proto   Pre  Cost      Flags NextHop        Interface

        2.0.0.0/8   RIP     100  1          D    12.0.0.2       GigabitEthernet
0/0/1
       12.0.0.0/8   Direct  0    0          D    12.0.0.1       GigabitEthernet
0/0/1
       12.0.0.1/32  Direct  0    0          D    127.0.0.1      GigabitEthernet
0/0/1
 12.255.255.255/32  Direct  0    0          D    127.0.0.1      GigabitEthernet
0/0/1
       23.0.0.0/8   RIP     100  1          D    12.0.0.2       GigabitEthernet
0/0/1
      127.0.0.0/8   Direct  0    0          D    127.0.0.1      InLoopBack0
      127.0.0.1/32  Direct  0    0          D    127.0.0.1      InLoopBack0
127.255.255.255/32  Direct  0    0          D    127.0.0.1      InLoopBack0
     172.16.0.0/24  Direct  0    0          D    172.16.0.254   GigabitEthernet
0/0/0
   172.16.0.254/32  Direct  0    0          D    127.0.0.1      GigabitEthernet
0/0/0
 172.16.0.255/32    Direct  0    0          D    127.0.0.1      GigabitEthernet
0/0/0
    192.168.0.0/24  RIP     100  2          D    12.0.0.2       GigabitEthernet
0/0/1
255.255.255.255/32  Direct  0    0          D    127.0.0.1      InLoopBack0
```

图 17-1　路由器 R1 的路由表

在这个路由表中，每一行就是一条路由信息，它包括：路由的目的地/掩码（Destination/Mask）、路由信息的来源（Proto）、路由的优先级（Preference）、路由的代价值（Cost）、路由标志（Flags）、下一跳地址（Next Hop）和出接口（Interface）。

从第二行 Destination/Mask 为 12.0.0.0/8 来看，路由器 R1 在 GE 0/0/1 这个接口上，直连了一个 12.0.0.0/8 的网段，其含义是：如果 R1 需要将报文送往 12.0.0.0/8 这个目的地网络，那么 R1 应该把这个报文从 GE 0/0/1 这个接口发送出去，它的下一跳 IP 地址是 12.0.0.1。

下面，根据图 17-1 中路由表的内容介绍一些相关的知识。

1. 路由的目的地/掩码

从图 17-1 中可以看出，路由的目的地/掩码最常使用的是网段地址，如 12.0.0.0/8，而不是主机地址，如 12.0.0.1。

网段是一个网络号所定义的网络范围，例如，64.0.0.0 就是一个网络号为二进制数 01000000 或者十进制数 64 的网段的网络地址；64.255.255.255 是这个网段的广播地址，这两个地址是预留的特殊地址，是不能分配给具体的设备接口使用的。64.0.0.1~64.255.255.254 中的地址为主机地址，即 IP 地址，是可以分配给该网段中的主机接口的。

路由器在收到接口发来的报文时，会根据 IP 地址计算出相应的网段，如 12.0.0.2 是位于 12.0.0.0/8 这个网段的，于是它就匹配上了图 17-1 中 R1 的路由表的第二行，即 Destination/Mask 为 12.0.0.0/8 的这一行，这条报文将从 GE 0/0/1 这个接口发送出去，发往下一跳 IP 地址为 12.0.0.1 的接口。

一个 IP 地址可能会同时匹配上多个路由项，例如，目的地址为 2.1.0.1 的 IP 报文既能匹配上 2.0.0.0/8 这个路由项，也能匹配上 2.1.0.0/16 这个路由项，此时遵循"最长掩码匹配"原则，故 2.1.0.0/16 被确定为最优路径，路由器总是根据最优路径由来进行 IP 报文转发的。

2. 一些特殊的 IP 地址

仔细观察，在图 17-1 的路由表中，有一些特别的地址，出现频率很高，如 127.0.0.1、192.168.0.0 和 255.255.255.255 等，它们都有特定的含义。

路由器内部有一种特殊的接口称为环回接口（loopback），它不是物理接口，而是一种看不见、摸不着的虚拟接口，主要用于测试和一些特殊的应用。环回接口有个特性，除非设备瘫痪，否则其状态一直是 UP，这个特性对于路由协议来说非常重要。环回接口对应着环回地址（loopback address），可以由用户自行定义。

在图 17-1 中出现的 127.0.0.1 称为本地环回地址（inloopback），就是"我自己"的意思，是应用最为广泛的一个环回地址，几乎在每台路由器和计算机上都会使用。该地址不能发往网络接口，只能出现在设备内部，能 ping 通 127.0.0.1，说明本机的网卡和 IP 协议安装都没有问题。

私有地址包括 192.168.0.0~192.168.255.255、172.16.0.0~172.31.255.255 和 10.0.0.0~10.255.255.255，这些地址被大量地应用于内部局域网中。内部网络由于不与外界互连，因此可随意使用 IP 地址。设置私有地址供内部网络使用是为了避免在接入公网时引起地址混乱，在 Internet 上这类地址是绝不会出现的。

255.255.255.255 是有限广播地址（limited broadcast address），它可以作为一个报文的目的地址使用，参见图 17-1 中 R1 路由表的最后一行。当路由器收到目的地址为 255.255.255.255 的报文后，就会停止对该报文的转发。

3．路由信息的来源

图 17-1 所示的路由表中包含了若干条路由信息，那么这些信息是如何生成的呢？路由信息的生成方式有三种：直连路由（direct route）、静态路由（static route）和动态路由（dynamic route）。

（1）直连路由是网络设备自动发现的路由信息。路由器启动之后，如果设备接口的状态为 UP，路由器就会自动寻找去往与自己的接口直接相连的网络的路由信息，并加入自己的路由表中。图 17-1 中第二行 Destination/Mask 为 12.0.0.0/8 的路由就是一条直连路由，它的 Proto 值为 Direct，Cost 值为 0，直连路由的 Cost 总为 0。

（2）静态路由是指用户或网络管理员手工配置的路由信息。静态路由适用于结构简单的小型网络，当网络的拓扑结构或链路状态发生改变时，需要手工修改这些静态路由的信息。

（3）动态路由是网络设备通过运行动态路由协议而得到的路由信息。这些协议包括 RIP、OSPF、IS-IS 和 BGP 等。以 RIP 为例，在一个 RIP 网络中，每台路由器在创建自己的路由表之初，表中仅包含了自动发现的直连路由，每台路由器都会每隔 30 s 向它所有的邻居路由器发布路由信息，同时又不断地收到邻居路由器发来的信息，并根据这些信息更新自己的路由表，如此反复达到稳定状态，每台路由器上都包含了去往整个 RIP 网络的路由，这个过程称为路由的交换过程。

设备在运行了路由协议之后，经过一段时间的路由信息交换，路由表中的动态信息就能够实时地反映出网络的链路结构。图 17-1 中第一行 Destination/Mask 为 2.0.0.0/8 的路由就是一条运行 RIP 协议后自动生成的动态路由，它的 Proto 值为 RIP，优先级 Pre 值为 100，Cost 值为 1。

4．路由的优先级

假设路由器 R1 上同时运行了 RIP 和 OSPF 两种路由协议，RIP 发现了一条去往目的地 X/Y 的路由，OSPF 也发现了一条去往 X/Y 的路由，另外，还手工配置了一条去往 X/Y 的路由。也就是说，该设备同时获取了去往同一目的地的三条路由，那么这三条中的哪一条会被加入路由表呢？

通过设定优先级（preference）的方法可以解决这个问题。给不同来源的路由规定不同数值的优先级，数值越小，级别越高，这样，当有多条目的地相同但来源不同的路由时，具有最小值的路由便成为了最优路由，被加入路由表中，其他路由则不被激活，不显示在路由表中。

不同厂家对路由优先级的默认值规定不同，现给出华为路由器的部分路由优先级的默认值，见表 17-1。

表 17-1　路由的优先级

路由来源	优先级的默认值
直连路由	0
OSPF	10
静态路由	60
RIP	100
BGP	255

5．路由的代价值

路由的代价值指到达这条路由的目的地需要付出的代价值，即每条路由路径的长短。代价值越高，说明路由花费的路径越长，时间也越长。同一种路由协议发现有多条路由可以到达同一个目的地时，将优选代价值最小的路由，即只把代价值最小的路由加入本协议的路由表中。

不同的路由协议对于代价值的具体定义是不同的，比如 RIP 协议是将跳数（hop）作为代价值。跳数是指到达目的地需要经过的路由器的个数，例如，在图 17-2 所示的网络中，通过路由器 R1 去往网络 A、网络 B、网络 C 和网络 D 的跳数分别为 1、2、3 和 4。RIP 协议规定，跳数等于或大于 16 的路由就是不可达，这一限制使得 RIP 协议一般只能应用于规模较小的网络。

图 17-2　路由跳数计算

6. 计算机上的路由表

计算机上也有路由表的存在，但一般规模不大，只有一二十条路由。在本机上打开"命令提示符"窗口，输入 route print 即可查看，如图 17-3 所示。

```
C:\>route print
===============================================
接口列表
15...34 64 a9 0a e3 d8 ......Realtek PCIe GBE Family Controller
16...0a 00 27 00 00 10 ......VirtualBox Host-Only Ethernet Adapter
 1...........................Software Loopback Interface 1
11...00 00 00 00 00 00 00 e0 Microsoft ISATAP Adapter
===============================================

IPv4 路由表
===============================================
活动路由:
网络目标          网络掩码          网关          接口          跃点数
    0.0.0.0          0.0.0.0   192.168.16.254   192.168.16.235     10
  127.0.0.0        255.0.0.0         在链路上        127.0.0.1    306
  127.0.0.1  255.255.255.255         在链路上        127.0.0.1    306
127.255.255.255  255.255.255.255     在链路上        127.0.0.1    306
 192.168.16.0    255.255.255.0        在链路上    192.168.16.235   266
192.168.16.235  255.255.255.255       在链路上    192.168.16.235   266
192.168.16.255  255.255.255.255       在链路上    192.168.16.235   266
 192.168.56.0    255.255.255.0        在链路上     192.168.56.1    266
 192.168.56.1  255.255.255.255        在链路上     192.168.56.1    266
192.168.56.255  255.255.255.255       在链路上     192.168.56.1    266
   224.0.0.0        240.0.0.0         在链路上        127.0.0.1    306
   224.0.0.0        240.0.0.0         在链路上     192.168.56.1    266
   224.0.0.0        240.0.0.0         在链路上    192.168.16.235   266
255.255.255.255  255.255.255.255      在链路上        127.0.0.1    306
255.255.255.255  255.255.255.255      在链路上     192.168.56.1    266
255.255.255.255  255.255.255.255      在链路上    192.168.16.235   266
===============================================
```

图 17-3　计算机上的路由表

观察图 17-3 中计算机上的路由表与路由器上的路由表有什么不同。注意，路由表只存在于终端计算机、路由器和三层交换机中，常见的两层交换机上没有路由表。

五、实验过程与步骤

本实验要模拟的网络场景，是将三个内部局域网通过路由器连接起来，运行 RIP 动态协议，使各部分之间都能够实现互通。

1. 实验编址表

企业的内部网络和出口路由器已经存在，不需要重新编址，直接给出实验编址表，如表 17-2 所示。

表 17-2　实验编址表

设备	接口	IP 地址	子网掩码	默认网关
PC1	Ethernet 0/0/1	172.16.0.1	255.255.255.0	172.16.0.254
PC2	Ethernet 0/0/1	192.168.0.1	255.255.255.0	192.168.0.254
PC3	Ethernet 0/0/1	2.0.0.1	255.0.0.0	2.0.0.254
R1	GE 0/0/0	172.16.0.254	255.255.255.0	N/A
	GE 0/0/1	12.0.0.1	255.0.0.0	N/A

续表

设备	接口	IP 地址	子网掩码	默认网关
	GE 0/0/0	2.0.0.254	255.0.0.0	N/A
R2	GE 0/0/1	12.0.0.2	255.0.0.0	N/A
	GE 0/0/2	23.0.0.1	255.0.0.0	N/A
R3	GE 0/0/0	192.168.0.254	255.255.255.0	N/A
	GE 0/0/2	23.0.0.2	255.0.0.0	N/A

为了展示实验结果，在网络拓扑结构中设置了三台 PC，在实际应用时，出口路由器一端连接外网，一端连接内网的路由器或交换机，一般是不会直接连接计算机终端的。此处连接 PC 仅作为测试使用。

在后面的实验中，如果看到网络拓扑图中没有设置 PC 终端，那么就是使用了环回地址，在调试时只要环回地址能 ping 通，就算互连成功。

2．网络拓扑图

打开 eNSP，根据表 17-2 绘制出网络拓扑图，如图 17-4 所示。实验编址表比较复杂，在绘制时要特别留意接口序号必须与表 17-2 和图 17-4 的接口序号一致，否则会影响后续的配置命令，而导致网络 ping 不通。

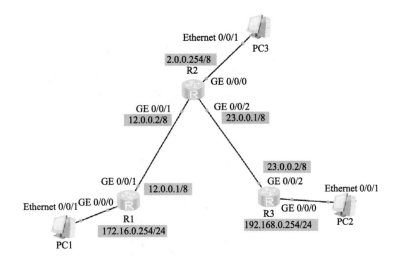

图 17-4 RIP 网络拓扑图

保存网络拓扑，启动设备，注意观察工作区中的连线指示灯，绿色表示设备间已连通。待所有设备都启动连通之后，再进行下一步。

3．配置 IP 和路由器

设备启动以后，首先根据表 17-2 配置 PC 终端的 IP 地址，然后再配置路由器的 GE 接口。以路由器 R1 为例，配置命令如下：

```
<Huawei> sys
[Huawei] sysn  R1
[R1] int  g  0/0/0
[R1-GigabitEthernet0/0/0] ip  add  172.16.0.254  24
```

```
[R1-GigabitEthernet0/0/0] int  g  0/0/1
[R1-GigabitEthernet0/0/1] ip  add  12.0.0.1  8
[R1-GigabitEthernet0/0/1] q
```

用 display 命令检查接口的配置情况，命令如下：

```
[R1] dis ip int b
```

仔细核对各接口的配置状态，然后再用 display 命令查看 R1 的路由表，命令如下：

```
[R1] display ip rout
```

路由器 R1 在 RIP 之前的路由表如图 17–5 所示，可以观察到，表里只有直连网段 12.0.0.0 和 172.16.0.0 的信息，没有非直连网段的信息，所以现在 PC1 和 PC2、PC3 是没有连通的。

```
[R1]display ip rout
Route Flags: R - relay, D - download to fib
---------------------------------------------------------------------
Routing Tables: Public
           Destinations : 10       Routes : 10

Destination/Mask    Proto  Pre  Cost     Flags NextHop        Interface

        12.0.0.0/8  Direct 0    0          D   12.0.0.1       GigabitEthernet
0/0/1
        12.0.0.1/32 Direct 0    0          D   127.0.0.1      GigabitEthernet
0/0/1
 12.255.255.255/32  Direct 0    0          D   127.0.0.1      GigabitEthernet
0/0/1
       127.0.0.0/8  Direct 0    0          D   127.0.0.1      InLoopBack0
       127.0.0.1/32 Direct 0    0          D   127.0.0.1      InLoopBack0
127.255.255.255/32  Direct 0    0          D   127.0.0.1      InLoopBack0
      172.16.0.0/24 Direct 0    0          D   172.16.0.254   GigabitEthernet
0/0/0
    172.16.0.254/32 Direct 0    0          D   127.0.0.1      GigabitEthernet
0/0/0
    172.16.0.255/32 Direct 0    0          D   127.0.0.1      GigabitEthernet
0/0/0
255.255.255.255/32  Direct 0    0          D   127.0.0.1      InLoopBack0
```

图 17–5　路由器 R1 在 RIP 之前的路由表

路由器 R2 和 R3 同理配置，注意 R2 有三个接口需要配置，R3 和 R1 类似。请熟记一些常用的 VRP 操作命令，最好能记住简写格式，在后续的实验中，将不再详细写出基本配置的命令行，也不再提示操作流程。

4．搭建 RIP 网络

在路由器 R1 上启动 RIP 进程，发布网段信息，命令如下：

```
<R1> sys
[R1] rip
[R1-rip-1] network 12.0.0.0
[R1-rip-1] network 172.16.0.0
```

在路由器 R2 上启动 RIP 进程，发布网段信息，命令如下：

```
<R2>sys
[R2] rip
[R2-rip-1] network 12.0.0.0
[R2-rip-1] network 23.0.0.0
[R2-rip-1] network 2.0.0.0
```

在路由器 R3 上启动 RIP 进程，发布网段信息，命令如下：

```
<R3> sys
[R3] rip
[R3-rip-1] network 23.0.0.0
[R3-rip-1] network 192.168.0.0
```

为了对所做的配置进行确认，使用 display rip 命令查看 RIP 的运行状态和配置信息，在 R1 上执行该命令如下：

[R1] display rip

运行结果如图 17-6 所示。

```
[R1]display rip
Public VPN-instance
    RIP process : 1
        RIP version   : 1
        Preference    : 100
        Checkzero     : Enabled
        Default-cost  : 0
        Summary       : Enabled
        Host-route    : Enabled
        Maximum number of balanced paths : 8
        Update time   : 30 sec              Age time : 180 sec
        Garbage-collect time : 120 sec
        Graceful restart  : Disabled
        BFD               : Disabled
        Silent-interfaces : None
        Default-route : Disabled
        Verify-source : Enabled
        Networks :
        172.16.0.0          12.0.0.0
        Configured peers              : None
        Number of routes in database : 6
        Number of interfaces enabled : 2
        Triggered updates sent        : 3
        Number of route changes       : 3
        Number of replies to queries  : 1
        Number of routes in ADV DB    : 5

    Total count for 1 process :
        Number of routes in database : 6
        Number of interfaces enabled : 2
        Number of routes sendable in a periodic update : 12
        Number of routes sent in last periodic update : 6
```

图 17-6　路由器 R1 的 RIP 状态信息

从图 17-6 中可以得到这样一些信息：

"RIP process　: 1"表示 RIP 的进程编号为 1。

"RIP version　: 1"表示运行的是 RIPv1。

"Preference　: 100"表示 RIP 协议优先级的值为 100。

"Update time　: 30 sec"表示更新定时器的初始值为 30s。

"Age time : 180 sec"表示无效定时器的初始值为 180s。

"Garbage-collect time : 120 sec"表示垃圾收集定时器的初始值为 120s。

"Networks : 172.16.0.0　12.0.0.0"表示路由器 R1 直连了两个网段。

为了确认 R1 是否收到从 R2 和 R3 发来的路由，使用 display rip process-id route 命令查看 R1 从 R2 和 R3 那里学来的路由信息，命令如下：

[R1] display rip 1 route

运行结果如图 17-7 所示。

```
[R1]display rip 1 route
Route Flags : R - RIP
              A - Aging, G - Garbage-collect
-------------------------------------------------------------------
Peer 12.0.0.2 on GigabitEthernet0/0/1
    Destination/Mask      Nexthop      Cost   Tag    Flags   Sec
       23.0.0.0/8         12.0.0.2      1      0      RA      2
        2.0.0.0/8         12.0.0.2      1      0      RA      2
      192.168.0.0/24      12.0.0.2      2      0      RA      2
```

图 17-7　路由器 R1 的 RIP 配置进程

从图 17-7 所示的信息可以得知，R1 已经学习到了关于 23.0.0.0/8、2.0.0.0/8 和 192.168.0.0 这些非直连网段的路由信息。路由器 R2 和 R3 同理查看。

打开 R1 的路由表，如图 17-8 所示，参照前面的图 17-5，对比 RIP 前后路由表的变化。

```
[R1] display ip rout
Route Flags: R - relay, D - download to fib
--------------------------------------------------------------------------
Routing Tables: Public
        Destinations : 13        Routes : 13

Destination/Mask    Proto   Pre  Cost      Flags NextHop        Interface

        2.0.0.0/8   RIP     100  1          D    12.0.0.2       GigabitEthernet
0/0/1
        12.0.0.0/8  Direct  0    0          D    12.0.0.1       GigabitEthernet
0/0/1
        12.0.0.1/32 Direct  0    0          D    127.0.0.1      GigabitEthernet
0/0/1
  12.255.255.255/32 Direct  0    0          D    127.0.0.1      GigabitEthernet
0/0/1
        23.0.0.0/8  RIP     100  1          D    12.0.0.2       GigabitEthernet
0/0/1
       127.0.0.0/8  Direct  0    0          D    127.0.0.1      InLoopBack0
       127.0.0.1/32 Direct  0    0          D    127.0.0.1      InLoopBack0
 127.255.255.255/32 Direct  0    0          D    127.0.0.1      InLoopBack0
      172.16.0.0/24 Direct  0    0          D    172.16.0.254   GigabitEthernet
0/0/0
    172.16.0.254/32 Direct  0    0          D    127.0.0.1      GigabitEthernet
0/0/0
    172.16.0.255/32 Direct  0    0          D    127.0.0.1      GigabitEthernet
0/0/0
     192.168.0.0/24 RIP     100  2          D    12.0.0.2       GigabitEthernet
0/0/1
 255.255.255.255/32 Direct  0    0          D    127.0.0.1      InLoopBack0
```

图 17-8　路由器 R1 在 RIP 之后的路由表

通过对比可以发现，路由表中多了三条信息，Destination/Mask 分别为：2.0.0.0/8、23.0.0.0/8、192.168.0.0/24，Proto 为 RIP，Cost 分别为 1 和 2，Pre 为 100，这是三个非直连网段的网段地址。

最后，用 PC 测试连通性，PC1、PC2、PC3、各网关、各接口之间均可互通，配置 RIP 过程完成。

六、思考题

为了增加互通的可靠性，现将本实验的路由器连接方式改为图 17-9 所示的链路状态，请尝试自己编址并配置 RIP 协议。

七、实验报告

请按照实验报告的格式要求（见附录 A）撰写实验报告。

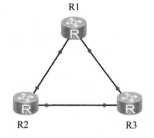

图 17-9　链路状态

实验十八 访问控制列表（ACL）

一、实验目的

（1）理解访问控制列表（ACL）的原理和分类。

（2）能够使用简单的通配符掩码匹配地址范围。

（3）掌握基本 ACL 控制和高级 ACL 控制的配置方法和应用场景，可以灵活运用 ACL 的语法规则来实现 IP 地址控制访问。

二、实验设备

计算机一台，安装有 eNSP 虚拟仿真软件。

三、实验内容

某企业采用 OSPF 协议搭建了一个内部网络，在 area0 区域中，路由器 R1 是管理部门使用的网关，路由器 R2 是一般员工使用的网关，路由器 R3 是 R1 和 R2 去往总部出口的网关，路由器 R4 是总部核心路由器。

网络管理员需要完成如下操作：

（1）搭建 OSPF 协议。

（2）在总部核心路由器 R4 上配置 Telnet 服务器。

（3）配置基本 ACL 控制，使核心路由器 R4 只供管理部门下属的财务人员的计算机访问，管理部门其他人等和一般员工不能访问 R4。

（4）在第（3）步的基础上配置高级 ACL 控制，使财务人员的计算机只能访问核心路由器 R4 上的特定服务器，不能访问其他服务器。

四、实验原理

本实验的实验原理和相关命令，是建立在先前内容的基础之上的，如有遗忘，请自行复习实验十"开放最短路径优先（OSPF）实验"和"Telnet"协议的相关知识，然后再继续学习本实验内容。

1. ACL 的原理

访问控制列表 ACL（access control list）是一种应用非常广泛的网络技术，配置了 ACL 的网络设备会根据事先设定好的规则，对经过该设备的报文进行匹配，然后对匹配上的报文执行相应的处理。

ACL 是一种基于包过滤的流控制技术，配置了 ACL 的设备接收到一个报文后，会将该报文与 ACL 中的规则逐条匹配，一旦匹配上了某条规则，则执行这条规则中所定义的处理动作，permit 或 deny，并且不再继续尝试与后续规则匹配。如果报文不能匹配上 ACL 中的任何一条规则，则默认最后一行为 deny，对该报文执行拒绝这个处理动作。

实际上，ACL 就是一系列允许和拒绝的规则的集合，利用这些规则来告诉网络设备哪些报文可以接收，哪些报文只能拒绝，然后再根据这些规则定义的条件来控制报文的输入与输出。

ACL 通常应用在网络的出入口控制上，通过建立访问控制列表可以有效地部署网络的安全策略，对出入口及通过路由器中继的报文进行安全检测，从而保证网络资源不被非法访问，还能限制网络流量和提高网络性能。

2. ACL 的规则

语句 rule 5 permit source 192.168.1.1　0.0.0.0 是一条基本 ACL 命令，现在用它来说明 ACL 的基本规则。

语句中的"5"是规则编号，编号范围为 0~4 294 967 294，系统按照规则编号从小到大的顺序，将规则依次与报文匹配。编号可以自行配置，也可以由系统自动分配，系统自动为 ACL 规则分配编号时，每个相邻规则编号之间的差值称为步长。ACL 的默认步长是 5，系统按照 5、10、15……这样的规律为 ACL 规则分配编号。设置步长的目的是为了方便在两个相邻 ACL 规则之间插入新的规则。

语句中的"permit"表示 ACL 处理的动作，可选值为 deny 或 permit，表示拒绝或允许。

语句中的"source"表示源地址，源地址"192.168.1.1"和通配符掩码"0.0.0.0"合起来表示一个 IP 地址的集合。

命令"rule 5 permit source 192.168.1.1　0.0.0.0"的含义是：规则 5 只允许源地址为 192.168.1.1 的报文通过。

ACL 提供了极其丰富的匹配选项，不但可以选择源地址，还可以选择目的地址、源 MAC、目的 MAC、TCP/UDP 端口号、前缀列表和 IP 协议类型等，这些匹配选项是 ACL 规则的重要组成部分。

3. 通配符掩码

在定义 ACL 时必须使用到通配符掩码，其实很多场合都使用了它，这种设计非常精妙，在此特别提出来介绍一下。

正如上条语句中的"192.168.1.1　0.0.0.0"所示，IP 地址与通配符掩码合写在一起，表示的是一个由若干个 IP 地址组成的集合，这个集合中的任何一个 IP 地址都满足且只满足这样的条件：如果通配符掩码中的某一个比特位的取值为 0，则该 IP 地址的对应比特位的取值必须与特定 IP 地址中的对应比特位的取值相同。

这就是说，通配符掩码中设置为 1 的表示本位可以忽略 IP 地址中的对应位取值；设置为 0 的表示必须精确匹配 IP 地址中的对应位取值。

例如，值为 255.255.255.255 的通配符掩码表示所有的 IP 地址，因为全为 1 说明 32 位中所有位都不需检查，此时可用 any 代替；值为 0.0.0.0 的通配符则表示所有 32 位都必须要进行匹配，它只表示一个 IP 地址，可用 host 表示。

上条语句中的"192.168.1.1　0.0.0.0"就只代表了一个 IP 地址：192.168.1.1。

再来看 192.168.1.0　0.0.0.255 这个例子，通配符掩码是 0.0.0.255，前面 24 位是 0，最后 8 位是 1，也就是说前面 24 位必须精确匹配，最后 8 位可以是 0 或 1。将这个通配符和前面的 IP 地址 192.168.1.0 结合起来的意思就是：匹配从 192.168.1.0 到 192.168.1.255 的所有 IP 地址。

依此类推，在 192.168.0.0　0.0.255.255 这个例子中，匹配的 IP 地址范围就是从 192.168.0.0 到 192.168.255.255 的所有地址。

在 192.168.16.0　0.0.7.255 这个例子中，IP 地址的第三个小节是 16，通配符掩码的第三个小节是 7，将它们转换成二进制如下：

16 = 00010　000

7 = 00000　111

根据规则，通配符掩码中 0 的部分必须精确匹配，1 的部分什么都可以，也就是说 16 的二进制表示法前面的 5 位（00010）必须精确匹配，最后 3 位的取值范围可以从 000 到 111，那么就是从 00010000 到 00010111，转换成十进制就是从 16 到 23，所以这条规则匹配的 IP 地址范围是从 192.168.16.0 到 192.168.23.255。

这种 IP 地址与通配符掩码合写的规则设计，还可以表示不连续网段和几个单个的 IP 地址，有兴趣的读者可自行研究一下。

4. ACL 的分类

按照功能不同 ACL 被划分为五种类型：基本 ACL、高级 ACL、二层 ACL、用户自定义 ACL 和用户 ACL，应用最为广泛的是基本 ACL 和高级 ACL。

基本 ACL 仅使用报文的源 IP 地址、分片标记和时间段来定义规则，编号范围为 2000～2999。

高级 ACL 既可以使用报文的源 IP 地址，还可使用目的地址、IP 优先级、TOS、DSCP、IP 协议类型、ICMP 类型、TCP 源端口/目的端口、UDP 源端口/目的端口等来定义规则，编号范围为 3000～3999。

二层 ACL 可根据报文的以太网帧头信息来定义规则，编号范围为 4000～4999。

用户自定义 ACL 可根据报文偏移位置和偏移量来定义规则，编号范围为 5000～5999。

用户 ACL 编号范围为 6000～9999。

5. ACL 的应用范围

需要特别注意的是，访问控制列表 ACL 不能单独完成控制网络访问或限制网络流量的功能，它需要应用到具体的业务模块才能实现上述功能，可以应用 ACL 的业务模块非常多，主要分为以下四类：

1）登录控制

对用户的登录权限进行控制，允许合法用户登录，拒绝非法用户，从而有效地防止未经授权的用户非法接入。例如，一般情况下路由器只允许管理员登录，而非管理员用户不允许随意登录，这时就可以在服务器上应用 ACL，在 ACL 列表中定义哪些地址的主机可以登录，哪些地址的主机不能登录。这一功能涉及的业务模块包括：Telnet、SNMP、FTP、TFTP、SFTP 和 HTTP 等。

2）路由过滤

ACL 可以应用在各种动态路由协议中，对路由协议发布和接收的路由信息进行过滤。例如，可以将 ACL 和 OSPF 路由协议配合使用，禁止路由器将某网段路由信息发送给邻居路由器。这一功能涉及的业务模块包括：BGP、IS-IS、OSPF、OSPFV3、RIP 和组播协议等。

3）对转发的报文进行过滤

定义了 ACL 的路由器或交换机可以对转发的报文进行过滤，从而进一步对过滤出的报文进行丢弃、修改优先级、重定向或 IPSEC 保护等处理。例如，可以利用 ACL 实现降低 P2P 下载、网络视频等消耗大量带宽的数据流的服务等级，在网络拥塞时优先丢弃这类流量，减少它们对其他重要流量的影响。这一功能涉及的业务模块包括：QOS 流策略、NAT 和 IPSEC 等。

4）对上送 CPU 处理的报文进行过滤

定义了 ACL 的路由器或交换机可以对上送 CPU 的报文进行必要的限制，从而避免 CPU 处理过多的协议报文造成占用率过高，性能下降。例如，当管理员发现某用户向交换机发送大量的 ARP 攻击报文，造成 CPU 繁忙，引发系统中断时，就可以在本机防攻击策略的黑名单中应用 ACL，将该用户加入黑名单，使 CPU 丢弃该用户发送的报文。这一功能涉及的业务模块包括：黑名单、白名单和用户自定义流等。

五、实验过程与步骤

因为 ACL 不能独立实现网络访问控制，而是需要应用到具体的业务模块才能达成上述功能，所以本实验采用 OSPF 协议搭建网络场景，另外还配置了两个 Telnet 服务器来实现基本 ACL 控制和高级 ACL 控制。

1. 实验编址表

该企业的内部网络和路由器已经存在，实验编址表如表 18-1 所示。

表 18-1 实验编址表

设备	接口	IP 地址	子网掩码	默认网关
R1	GE 0/0/0	10.10.1.1	255.255.255.0	N/A
	Loopback 0	192.168.1.1	255.255.255.255	N/A
R2	GE 0/0/0	10.10.2.1	255.255.255.0	N/A
	Loopback 0	192.168.2.2	255.255.255.255	N/A
R3	GE 0/0/0	10.10.1.3	255.255.255.0	N/A
	GE 0/0/1	10.10.2.3	255.255.255.0	N/A
	GE 0/0/2	10.10.4.3	255.255.255.0	N/A
	Loopback 0	192.168.3.3	255.255.255.255	N/A
R4	GE 0/0/0	10.10.4.1	255.255.255.0	N/A
	Loopback 0	192.168.4.4	255.255.255.255	N/A
	Loopback 1	192.168.100.100	255.255.255.255	N/A

在表 18-1 中，路由器 R1、R2 和 R3 都使用了环回接口 Loopback 来模拟网络中的 IP 地址，路由器 R4 用 192.168.4.4/32 和 192.168.100.100/32 这两个环回地址，模拟了两个直连在 R4 上的 Telnet 服务器。

2. 网络拓扑图

打开 eNSP，根据表 18-1 绘制出网络拓扑图，如图 18-1 所示。保存网络拓扑，启动设备。

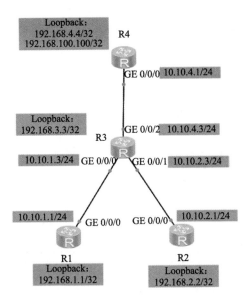

图 18-1　ACL 访问控制列表网络拓扑图

3. 基本配置路由器

首先根据表 18-1 和图 18-1 进行基本配置，路由器 R3 的配置命令如下：

```
<Huawei> sys
[Huawei] sysn R3
[R3] int g 0/0/0
[R3-GigabitEthernet0/0/0] ip add 10.10.1.3 24
[R3-GigabitEthernet0/0/0] int g 0/0/1
[R3-GigabitEthernet0/0/1] ip add 10.10.2.3 24
[R3-GigabitEthernet0/0/1] int g 0/0/2
[R3-GigabitEthernet0/0/2] ip add 10.10.4.3 24
[R3-GigabitEthernet0/0/2] interface loopback 0
[R3-LoopBack0] ip add 192.168.3.3 32
[R3-LoopBack0] q
```

注意环回接口的配置方法。因为是逻辑接口，所以接口号可任选，这里用的都是 0 号接口，配置完成后，执行 display 命令如下：

```
[R3] dis ip int b
```

查看路由器 R3 接口情况，是否有一个 Loopback0，命令执行结果如图 18-2 所示。

```
[R3]dis ip int b
*down: administratively down
^down: standby
(l): loopback
(s): spoofing
The number of interface that is UP in Physical is 5
The number of interface that is DOWN in Physical is 0
The number of interface that is UP in Protocol is 5
The number of interface that is DOWN in Protocol is 0

Interface                    IP Address/Mask    Physical    Protocol
GigabitEthernet0/0/0         10.10.1.3/24       up          up
GigabitEthernet0/0/1         10.10.2.3/24       up          up
GigabitEthernet0/0/2         10.10.4.3/24       up          up
LoopBack0                    192.168.3.3/32     up          up(s)
NULL0                        unassigned         up          up(s)
```

图 18-2　路由器 R3 接口配置

注意环回地址的使用方法。在 R1 上测试连通性，命令如下：

```
[R1] ping  -a  192.168.1.1  10.10.1.3
```

观察运行结果，再试试其他地址。

反之，从其他地址 ping 环回地址的方法不变，命令如下：

```
[R3] ping  192.168.1.1
```

完成以上的基础配置之后，使用 ping 命令测试各直连设备间的连通性。

4．搭建 OSPF 网络

在 R1、R2、R3 和 R4 上运行 OSPF 协议，通告相应网段到 area0 中，注意命令中通配符掩码的用法。

路由器 R1 的配置命令如下：

```
[R1] ospf  1
[R1-ospf-1] area  0
[R1-ospf-1-area-0.0.0.0] network  10.10.1.0  0.0.0.255
[R1-ospf-1-area-0.0.0.0] network  192.168.1.1  0.0.0.0
[R1-ospf-1-area-0.0.0.0] q
[R1-ospf-1] q
```

路由器 R2 的配置命令如下：

```
[R2] ospf  1
[R2-ospf-1] area  0
[R2-ospf-1-area-0.0.0.0] network  10.10.2.0  0.0.0.255
[R2-ospf-1-area-0.0.0.0] network  192.168.2.2  0.0.0.0
[R2-ospf-1-area-0.0.0.0] q
[R2-ospf-1] q
```

路由器 R3 的配置命令如下：

```
[R3] ospf  1
[R3-ospf-1] area  0
[R3-ospf-1-area-0.0.0.0] network  10.10.1.0  0.0.0.255
[R3-ospf-1-area-0.0.0.0] network  10.10.2.0  0.0.0.255
[R3-ospf-1-area-0.0.0.0] network  10.10.4.0  0.0.0.255
[R3-ospf-1-area-0.0.0.0] network  192.168.3.3  0.0.0.0
[R3-ospf-1-area-0.0.0.0] q
[R3-ospf-1] q
```

路由器 R4 的配置命令如下：

```
[R4] ospf  1
[R4-ospf-1] area  0
[R4-ospf-1-area-0.0.0.0] network  10.10.4.0  0.0.0.255
[R4-ospf-1-area-0.0.0.0] network  192.168.4.4  0.0.0.0
[R4-ospf-1-area-0.0.0.0] network  192.168.100.100  0.0.0.0
[R4-ospf-1-area-0.0.0.0] q
[R4-ospf-1] q
```

配置完成后，在路由器 R1 的路由表上查看 OSPF 路由信息，命令如下：

```
[R1] display  ip  routing-table  protocol  ospf
```

如图 18-3 所示，路由器 R1 已经学习到了 area0 中所有相关网段的路由信息，同理，查看路由器 R2、R3 和 R4。

在路由器 R1 上测试环回地址与路由器 R4 环回地址的连通性，命令如下：

```
<R1> ping  -a  192.168.1.1  192.168.4.4
<R1> ping  -a  192.168.1.1  192.168.100.100
```
都能 ping 通，同理，测试其他的非直连网段的连通性。

```
[R1]display ip routing-table protocol ospf
Route Flags: R - relay, D - download to fib
-------------------------------------------------------------------
Public routing table : OSPF
        Destinations : 6        Routes : 6

OSPF routing table status : <Active>
        Destinations : 6        Routes : 6

Destination/Mask    Proto   Pre  Cost      Flags NextHop         Interface

     10.10.2.0/24   OSPF    10   2           D   10.10.1.3       GigabitEthernet
0/0/0
     10.10.4.0/24   OSPF    10   2           D   10.10.1.3       GigabitEthernet
0/0/0
    192.168.2.2/32  OSPF    10   2           D   10.10.1.3       GigabitEthernet
0/0/0
    192.168.3.3/32  OSPF    10   1           D   10.10.1.3       GigabitEthernet
0/0/0
    192.168.4.4/32  OSPF    10   2           D   10.10.1.3       GigabitEthernet
0/0/0
192.168.100.100/32  OSPF    10   2           D   10.10.1.3       GigabitEthernet
0/0/0

OSPF routing table status : <Inactive>
        Destinations : 0        Routes : 0
```

图 18-3　查看 R1 的 OSPF 路由信息

5. 配置 Telnet 服务器

Telnet 协议（telecommunication network protocol）是 TCP/IP 协议族中应用层协议的一员，是最早的 Internet 应用之一，通常使用在远程登录中，以便对本地或远端运行的网络设备进行配置。

Telnet 的工作方式为客户机/服务器方式，用户通过一个支持 Telnet 协议的客户机连接到 Telnet 服务器上，使用时先登录，获得相应权限后，才能使用与用户级别对应的功能。Telnet 服务器的默认端口号为 23。

Telnet 使用的界面是 VTY 用户界面，最多支持 20 个用户同时登录 VTY，默认使用前 5 个，使用 display 命令查看路由器 R4 的用户界面信息，命令如下：

```
[R4] display  user-interface
```

如图 18-4 所示，CON 0 是 Console 口登录的用户界面，VTY 0~VTY 20 是 Telnet 登录的用户界面，Web 0~ Web 4 是浏览器方式登录的用户界面，XML 0~ XML 2 是 XML 编程方式使用的用户界面。

```
[R4]display user-interface
  Idx   Type     Tx/Rx      Modem Privi ActualPrivi Auth  Int
+ 0     CON 0    9600        -    15    15          P     -
  129   VTY 0                -    0     -           P     -
  130   VTY 1                -    0     -           P     -
  131   VTY 2                -    0     -           P     -
  132   VTY 3                -    0     -           P     -
  133   VTY 4                -    0     -           P     -
  145   VTY 16               -    0     -           P     -
  146   VTY 17               -    0     -           P     -
  147   VTY 18               -    0     -           P     -
  148   VTY 19               -    0     -           P     -
  149   VTY 20               -    0     -           P     -
  150   Web 0    9600        -    15    -           A     -
  151   Web 1    9600        -    15    -           A     -
  152   Web 2    9600        -    15    -           A     -
  153   Web 3    9600        -    15    -           A     -
  154   Web 4    9600        -    15    -           A     -
  155   XML 0    9600        -    0     -           A     -
  156   XML 1    9600        -    0     -           A     -
  157   XML 2    9600        -    0     -           A     -
UI(s) not in async mode -or- with no hardware support:
1-128
```

图 18-4　路由器 R4 的用户界面信息

当用户通过 Telnet 方式登录时，设备自动分配最小编号的可用 VTY 用户界面给用户使用，进入命令行界面之前需要输入密码。

下面，在总部核心路由器 R4 上配置 Telnet 服务器，使用五个 VTY 用户界面，设置密码为 123456，命令如下：

```
[R4] user-interface vty 0 4
[R4-ui-vty0-4] authentication-mode password
Please configure the login password (maximum length 16):123456
[R4-ui-vty0-4] q
```

配置完成后，在路由器 R1 上与核心路由器 R4 建立 Telnet 连接。

```
<R1> telnet 192.168.4.4
```

由图 18-5 可以看到，输入密码后，R1 已经成功登录 R4，用命令 q 退出，再在路由器 R1 上用环回地址登录 R4，命令如下：

```
<R1> telnet -a 192.168.1.1 192.168.4.4
```

测试结果可达。用 R1 与 R4 的另一个服务器 192.168.100.100 建立 Telnet 连接，也可以登录。测试用 R2 和 R3 建立连接，均可登录 Telnet 服务器。

这时发现，只要是路由可达的设备，并知道 Telnet 密码，就都可以成功访问连接在核心路由器 R4 上的所有服务器，这显然是不安全的。

```
<R1>telnet 192.168.4.4
 Press CTRL_] to quit telnet mode
 Trying 192.168.4.4 ...
 Connected to 192.168.4.4 ...

Login authentication

Password:
<R4>
```

图 18-5　在 R1 上成功建立 Telnet 连接

6. 配置基本 ACL 访问控制

网络管理员通过配置基本 ACL 来实现访问过滤，只允许管理部门下属的财务人员的计算机访问路由器 R4，禁止管理部门其他人等和一般员工访问 R4。

在 R4 上配置 ACL 规则，命令如下：

```
[R4] acl 2000
[R4-acl-basic-2000] rule 5 permit source 192.168.1.1 0.0.0.0
[R4-acl-basic-2000] rule 10 deny source any
[R4-acl-basic-2000] q
```

在 R4 的 Telnet VTY 0~ VTY 4 号用户界面中调用规则，使用 inbound 参数，在 R4 数据入口方向调用 ACL 2000，命令如下：

```
[R4] user-interface vty 0 4
[R4-ui-vty0-4] acl 2000 inbound
[R4-ui-vty0-4] q
```

配置完成后，在路由器 R1 的环回地址 192.168.1.1 上登录到 R4，命令如下：

```
<R1> telnet -a 192.168.1.1 192.168.4.4
<R1> telnet -a 192.168.1.1 192.168.100.100
```

均可连通，说明 192.168.1.1 可访问 R4 上的两台 Telnet 服务器。

再使用路由器 R1 直接登录 R4，命令如下：

```
<R1>telnet 192.168.4.4
```

观察图 18-6 所示的结果，发现 R1 已经不能连接 R4 上的 Telnet 服务器了，如果 Trying 时间过长，中途可用【Ctrl+C】中断退出。

再尝试使用 R2 和 R3 建立 Telnet 连接，也不行。除了 192.168.1.1 可以，其他地址都无法连接 R4 上的 Telnet 服务器，设置的 ACL 2000 规则已经生效。

```
<R1>telnet 192.168.4.4
 Press CTRL_] to quit telnet mode
 Trying 192.168.4.4 ...
 Error: Can't connect to the remote host
<R1>
```

图 18-6　在 R1 上无法建立 Telnet 连接

7. 基本 ACL 的语法规则

ACL 的执行是有顺序的，如果编号小的规则已经匹配，并且执行了 deny 或 permit 操作，那么后续的规则将不再继续匹配。如果报文不能匹配上 ACL 中的任何一条规则，则默认最后一行为 deny，对该报文执行拒绝这个处理动作。

在路由器 R4 上查看所有的 ACL 访问控制列表，命令如下：

```
[R4] display  acl  all
```

图 18-7 所示是先前配置的基本 ACL 的所有信息，ACL 2000 的步长是 5，共有两条规则，在尝试建立 Telnet 连接之后，rule 5 匹配中两次，rule 10 匹配中六次。现在给出一条新规则，让路由器 R3 的环回地址 192.168.3.3 能够访问 R4，命令如下：

```
[R4] acl  2000
[R4-acl-basic-2000] rule  15  permit  source  192.168.3.3  0.0.0.0
[R4-acl-basic-2000] q
```

```
[R4]display acl all
 Total quantity of nonempty ACL number is 1

Basic ACL 2000, 2 rules
Acl's step is 5
 rule 5 permit source 192.168.1.1 0 (2 matches)
 rule 10 deny (6 matches)
```

图 18-7 查看 ACL 访问控制列表 1

配置完成后，在路由器 R3 的环回地址 192.168.3.3 上登录到 192.168.100.100，命令如下：

```
<R3> telnet  -a  192.168.3.3  192.168.100.100
```

结果不能访问，用【Ctrl+C】中断退出。按照 ACL 的匹配顺序，rule 10 已经拒绝了所有行为，rule 15 将不被执行，若要此条规则生效，则必须把它写在 rule 10 之前。在路由器 R4 上修改规则，将 rule 15 改为 rule 7，命令如下：

```
[R4] acl  2000
[R4-acl-basic-2000] undo  rule  15
[R4-acl-basic-2000] rule  7  permit  source  192.168.3.3  0.0.0.0
[R4-acl-basic-2000] q
```

配置完成后，再次测试 R3 的环回地址登录到 R4 上，命令如下：

```
<R3> telnet  -a  192.168.3.3  192.168.100.100
```

访问成功，配置生效，在 R4 上查看 ACL 列表，命令如下：

```
[R4-acl-basic-2000] dis  acl  all
```

如图 18-8 所示，rule 7 匹配中了一次。

```
[R4-acl-basic-2000]dis acl all
 Total quantity of nonempty ACL number is 1

Basic ACL 2000, 3 rules
Acl's step is 5
 rule 5 permit source 192.168.1.1 0 (2 matches)
 rule 7 permit source 192.168.3.3 0 (1 matches)
 rule 10 deny (12 matches)
```

图 18-8 查看 ACL 访问控制列表 2

在路由器 R4 上撤销 rule 7，禁止 192.168.3.3 访问 R4，命令如下：

```
[R4-acl-basic-2000] undo  rule  7
[R4-acl-basic-2000] q
```

8. 配置高级 ACL 访问控制

路由器 R1 的环回地址 192.168.1.1 只能访问连接在总部核心路由器 R4 上的 192.168.4.4，不能访问另一个地址 192.168.100.100，这个功能基本 ACL 无法完成，只能使用高级 ACL 实现。

在 R4 上配置一个高级 ACL 3000，命令如下：

```
[R4] acl  3000
[R4-acl-adv-3000] rule permit ip source 192.168.1.1 0.0.0.0 destination
192.168.4.4  0.0.0.0
```

在命令中不指定编号的情况下，默认编号为 5，rule 5 允许源地址为 192.168.1.1 的报文访问目的地址为 192.168.4.4 的服务器，查看 ACL 列表。

```
[R4-acl-adv-3000] dis  acl  all
```

图 18-9 中，ACL 2000 与 ACL 3000 同时存在，共同实现访问控制。

```
[R4-acl-adv-3000]dis acl all
 Total quantity of nonempty ACL number is 2

Basic ACL 2000, 2 rules
Acl's step is 5
 rule 5 permit source 192.168.1.1 0 (2 matches)
 rule 10 deny (12 matches)

Advanced ACL 3000, 1 rule
Acl's step is 5
 rule 5 permit ip source 192.168.1.1 0 destination 192.168.4.4 0
```

图 18-9　查看 ACL 访问控制列表 3

在路由器 R4 的 Telnet VTY 0~VTY 4 号用户界面中调用规则，使用 inbound 参数，在 R4 数据入口方向调用 ACL 3000，命令如下：

```
[R4] user-interface  vty  0  4
[R4-ui-vty0-4] acl  3000  inbound
[R4-ui-vty0-4] q
```

配置完成后，在 R1 上使用环回地址 192.168.1.1 登录到 192.168.4.4，命令如下：

```
<R1> telnet  -a  192.168.1.1  192.168.4.4
```

连接可达。

在路由器 R1 上使用环回地址 192.168.1.1 登录到 192.168.100.100，命令如下：

```
<R1> telnet  -a  192.168.1.1  192.168.100.100
```

连接不可达，实验完成。

六、思考题

（1）计算以下规则所匹配的地址集合。

192.168.50.34 255.255.255.255　　　　　　211.83.206.1 0.0.0.0

10.200.1.0 0.0.0.255　　　　　　　　　　172.18.0.0 0.0.255.255

192.168.1.0 0.0.0.254 匹配 192.168.1.0 网段中所有偶数 IP 地址，写出计算过程。

192.168.0.1 0.0.2.255 匹配 192.168.0.0~192.168.0.255 和 192.168.2.0~192.168.2.255，写出计算过程。

（2）在实验过程与步骤 7 基本 ACL 的语法规则中，如果不撤销 rule 7，那么在配置了高级 ACL 之后，路由器 R3 上的环回地址 192.168.3.3 还可以再访问 R4 上的两个 Telnet 服务器吗？为什么？

（3）在本实验中，如果 ACL 访问控制列表不配置在路由器 R4 上，而是配置在 R3 上，那么该如何设置？有什么优缺点？

七、实验报告

请按照实验报告的格式要求（见附录 A）撰写实验报告。

实验 十九
配置 NAT 实验

一、实验目的

（1）掌握私有地址和公有地址的区别。

（2）理解 NAT 网络地址转换的概念和应用场景。

（3）能够使用命令配置路由器的 NAT 功能，包括静态 NAT、动态 NAT、端口多路复用 NAPT 和 NAT 服务器。

二、实验设备

计算机一台，安装有 eNSP 虚拟仿真软件。

三、实验内容

某高校有三个公有地址：211.83.206.1、211.83.206.3 和 211.83.206.4，采用 NAT 路由器连接内网与外网，其中，R2 是学校的出口路由器，出口地址为 211.83.206.1，师生们都通过交换机 S1 或者 S2 连接到路由器 R2 上。

网络管理员需要完成如下操作：

（1）数据中心的一台计算机配置为静态 NAT，使用公有地址 211.83.206.3；

（2）尝试使用动态 NAT 提供访问外网服务；

（3）如果外网地址不足，则配置为端口复用 NAPT；

（4）提供一个可供外网访问的内网 FTP 服务器，对外地址为 211.83.206.4。

四、实验原理

位于局域网中的计算机，使用的都是私有地址，私有地址只能作为内网地址而不能作为全球地址，在互联网中的所有路由器对目的地址是私有地址的报文一律不进行转发。那么，我们使用的计算机是怎样访问 Internet 的呢？外网的信息又是怎样传送回计算机里的呢？

1．私有地址和公有地址

在现行的网络中，IP 地址分为公有地址和私有地址。公有地址（public address）由 Inter NIC（Internet network information center，互联网信息中心）管理，将这些 IP 地址分配给注册并向 Inter NIC 提出申请的组织机构，通过它可以直接访问互联网；私有地址（private address）属于非注册 IP 地址，专门为组织机构内部使用。私有地址包括 192.168.0.0 ~192.168.255.255、172.16.0.0 ~

172.31.255.255 和 10.0.0.0 ~10.255.255.255，这些地址被大量地应用在内部局域网中。

也就是说，公有地址是在 Internet 上使用的 IP 地址，而私有地址则是在局域网中使用的 IP 地址。内网由于不与外界互连，因此可以随意使用 IP 地址，而规范私有地址的设置，目的是为了避免在接入公网时引发混乱，在 Internet 上这类地址是绝不会出现的。当局域网内的主机要与位于公网上的主机进行通信时，必须经过地址转换，将其私有地址转换为合法的公有地址才能实现对外访问。

2. 网络地址转换（NAT）

NAT（network address translation）被广泛应用于各种类型的 Internet 接入方式中，借助于 NAT，内部网络在通过路由器发送数据包时，可将私有地址转换成合法的公有地址。一个局域网只需要使用少量公有 IP 地址，甚至只需 1 个，即可实现局域网内所有计算机与 Internet 的通信。

随着接入互联网的计算机数量不断增加，IP 地址资源变得愈加稀缺，一般用户几乎申请不到 IP 地址，即使是拥有上千台计算机的大型局域网用户，从互联网服务提供商 ISP（Internet service provider）那里，也只能分配到极有限的几个 IP 地址，于是就产生了这种使用少量的公有 IP 地址代表较多的私有 IP 地址的方式。

虽然 NAT 可以借助于某些代理服务器来实现，但考虑到运算成本和网络性能，很多时候都由 NAT 路由器来实现，如图 19-1 所示。

在图 19-1 中，内网通过 NAT 路由器连接外网，通过 NAT 技术，不仅可以实现内网与 Internet 之间的通信，还可以实现内网与内网之间的通信，而且还能够有效避免来自网络外部的攻击，隐藏并保护网络内部的计算机。

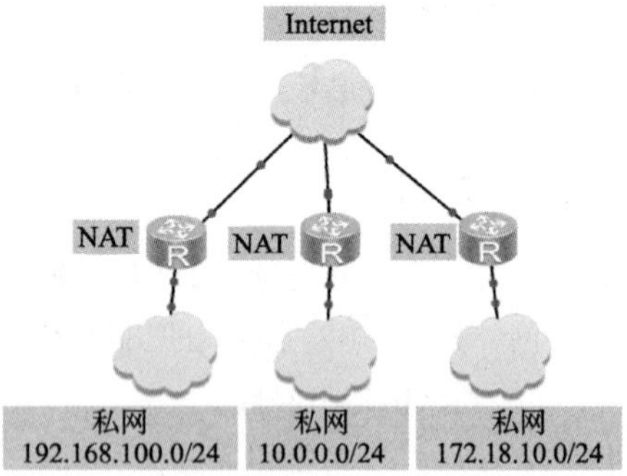

3. NAT 的实现方式

根据采用的地址转换技术不同，NAT 可以分为三类：静态 NAT、动态 NAT 和端口多路复用 NAT。

静态 NAT 是指将一个内部的私有地址转换

图 19-1　NAT 的作用

成为唯一的一个公有地址，即私有地址和公有地址之间是一一映射的。这种转换通常用在内网上的主机需要对外提供服务的情况，如 Web、FTP 和 E-mail 等服务的情况下。

动态 NAT 是指一组私有地址与一组公有地址之间建立起一种动态的一一映射关系，通过这种关系，内部主机可以访问外部网络，外部主机也可以对内部网络进行访问，但必须是在私有 IP 地址与公有 IP 地址之间存在映射关系时才能成功，并且这种映射关系是动态的。

端口多路复用 NAT 是将 TCP 报文或 UDP 报文中的端口号作为映射参数，纳入公有地址和私有地址之间的映射关系中，使得同一个公有 IP 地址在同一时刻可以与多个私有 IP 地址进行映射。使用 NAT 技术，局域网中所有的主机均可共享一个公有地址实现对 Internet 的访问，从而最大限度地节约了 IP 地址资源，同时又可以隐藏网络内部的主机，有效地避免了来自外部的攻击。因此，目前网络中应用最多的就是端口多路复用技术。

4. NAT 地址转换过程

如图 19-2 所示，当内网主机 192.168.100.1 要与 Internet 上的某个主机 X 通信时，它发送的报文必须经过 NAT 路由器，NAT 路由器将报文的私有 IP 地址 192.168.100.1 转换成公有 IP 地址

211.83.206.1，但目的 IP 地址不变，同时 NAT 路由器会在 NAT 转换表中自动记下这个转换，然后发送到 Internet。

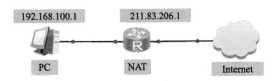

图 19-2　NAT 地址转换过程

当 NAT 路由器从 Internet 接收到由主机 X 返回的报文时，知道该报文的源地址来自主机 X，根据 NAT 转换表，得知这个报文是要发送给主机 192.168.100.1 的，因此，NAT 路由器将目的 IP 地址转换为 192.168.100.1，并转发给目的主机。

5．NAT ALG 功能

NAT 只能对 UDP 或 TCP 报文中的 IP 地址及端口进行转换，但对一些特殊的协议却无能为力，比如 H.323、SIP、FTP、DNS 等，由于它们报文的数据中可能包含 IP 地址或端口信息，因此这些内容不能被 NAT 进行有效转换。

NAT ALG（application level gateway，应用层网关技术）能够对多通道协议进行应用层报文信息的解析和地址转换，将需要进行地址转换的 IP 地址和端口或需要特殊处理的字段进行相应的转换和处理，从而保证应用层通信的正确性。

例如，一个使用私有地址的 FTP 服务器与公有地址主机建立会话的过程中，需要将自己的 IP 地址发送给对方，而这个地址信息是放到 IP 报文的数据部分的，NAT 无法对它进行转换，如果公有地址主机接收了这个私有地址并使用它，FTP 服务器将表现为不可达，这时就需要 ALG 来完成载荷字段信息的转换，以保证后续数据连接的正确建立。

目前 ALG 功能支持的协议包括：DNS、FTP、SIP 和 RTSP。

五、实验过程与步骤

本实验要模拟的网络场景，是对校园网内部的 IP 地址进行静态 NAT 转换、动态 NAT 转换和端口多路复用 NAPT 转换，另外还要配置一个 NAT 服务器。

1．实验编址表

校园的内部网络和 NAT 路由器已经存在，实验编址表如表 19-1 所示。

表 19-1　实验编址表

设备	接口	IP 地址	子网掩码	默认网关
PC1	Ethernet 0/0/1	192.168.1.1	255.255.255.0	192.168.1.254
PC2	Ethernet 0/0/1	192.168.1.2	255.255.255.0	192.168.1.254
PC3	Ethernet 0/0/1	192.168.2.1	255.255.255.0	192.168.2.254
FTP server	Ethernet 0/0/0	192.168.2.2	255.255.255.0	192.168.2.254
R1	GE 0/0/0	211.83.206.2	255.255.255.0	N/A
	Loopback 0	211.83.100.5	255.255.255.0	N/A

续表

设备	接口	IP 地址	子网掩码	默认网关
	GE 0/0/0	211.83.206.1	255.255.255.0	N/A
R2	GE 0/0/1	192.168.1.254	255.255.255.0	N/A
	GE 0/0/2	192.168.2.254	255.255.255.0	N/A

在表 19-1 中，R2 是内网的 NAT 路由器，连接一个外网路由器 R1，为了模拟公有 IP 地址，R1 使用了环回接口 Loopback。内网 NAT 服务器选用的是 FTP 服务器，交换机选用的是华为 S3700，它有 2 个千兆接口，22 个百兆接口。

2. 网络拓扑图

打开 eNSP，根据表 19-1 绘制出网络拓扑图，如图 19-3 所示。保存网络拓扑，启动设备。

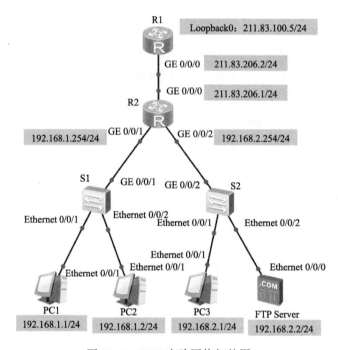

图 19-3　NAT 实验网络拓扑图

3. 配置 IP 和配置路由器

首先根据表 19-1 配置 PC 终端的 IP 地址，然后再配置路由器 R1 和 R2 的 GE 接口。路由器 R1 接口配置命令如下：

```
<Huawei> sys
[Huawei] sysn R1
[R1] int g 0/0/0
[R1-GigabitEthernet0/0/0] ip add 211.83.206.2 24
[R1-GigabitEthernet0/0/0] q
[R1] int loopback 0
[R1-LoopBack0] ip add 211.83.100.5 24
```

注意环回接口的配置方法。因为是逻辑接口，所以接口号可任选，这里用的是 0 号接口，配置完成后，执行命令如下：

```
[R1-LoopBack0] dis  ip  int  b
```
查看路由器 R1 接口情况，是否有一个 Loopback0，命令执行结果如图 19-4 所示。

```
[R1-LoopBack0]dis ip int b
*down: administratively down
^down: standby
(l): loopback
(s): spoofing
The number of interface that is UP in Physical is 3
The number of interface that is DOWN in Physical is 2
The number of interface that is UP in Protocol is 3
The number of interface that is DOWN in Protocol is 2

Interface                 IP Address/Mask      Physical   Protocol
GigabitEthernet0/0/0      211.83.206.2/24      up         up
GigabitEthernet0/0/1      unassigned           down       down
GigabitEthernet0/0/2      unassigned           down       down
LoopBack0                 211.83.100.5/24      up         up(s)
NULL0                     unassigned           up         up(s)
```

图 19-4　路由器 R1 接口配置

注意环回地址的使用方法。在 R1 上测试连通性，命令如下：

```
[R1] ping  -a  211.83.100.5  211.83.206.2
```
观察运行结果，再试试其他地址。

反之，从其他地址 ping 环回地址的方法不变，命令如下：

```
[R2] ping  211.83.100.5
```

接着配置 FTP 服务器，FTP（文件传输协议）用于在 Internet 上控制文件的双向传输，也就是说，FTP 的任务就是从一台计算机将文件传送到另一台计算机，不受操作系统的限制。支持 FTP 协议的服务器就是 FTP 服务器，它使用的端口号为 21。

双击打开 FTP server，输入基础配置信息，利用 ping 测试功能，测试 FTP server 与 PC3 的连通性，如图 19-5 所示。

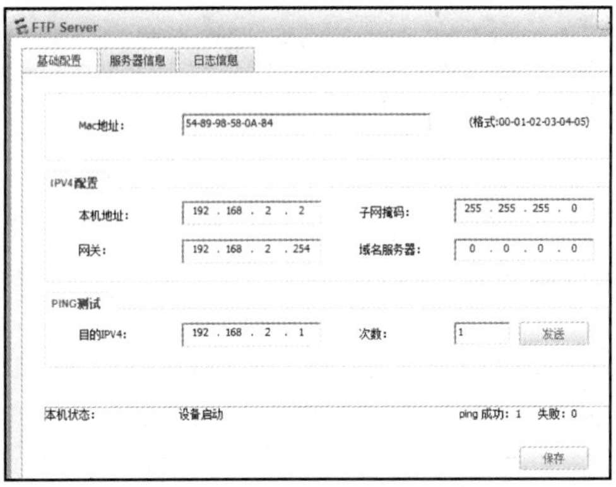

图 19-5　基础配置 FTP 服务器

选择 FTP server 界面的"服务器信息"选项卡，配置文件根目录，该目录是用户自定义的，文件夹名和测试文件名任意取，如图 19-6 所示，然后启动 FTP 服务器。

图 19-6　配置 FTP 服务器信息

从图 19-6 中可以看出，与大多数 Internet 服务一样，FTP 是一个客户机/服务器系统，用户通过一个支持 FTP 协议的客户机连接到 FTP 服务器上，使用时先登录，获得相应权限后，才能下载或上传文件。

完成以上的基础配置后，使用 ping 命令测试各直连链路间的连通性。

4．配置静态 NAT

网络管理员将计算机 PC3 设置为可与外网互访，分配公有地址 211.83.206.3。在 NAT 路由器 R2 上配置访问外网的默认静态路由，命令如下：

```
[R2] ip route-static  0.0.0.0  0.0.0.0  211.83.206.2
```

在路由器 R2 的 GE 0/0/0 接口上，分配公有地址 211.83.206.3 给 PC3，命令如下：

```
[R2] int  g  0/0/0
[R2-GigabitEthernet0/0/0]  nat   static   global   211.83.206.3   inside
192.168.2.1
```

配置完成后，在路由器 R2 上查看分配结果，命令如下：

```
 [R2] display  nat  static
```

如图 19-7 所示，公有地址 211.83.206.3 已经与 PC3 的私有地址 192.168.2.1 形成了一一对应的关系，测试 PC3 与外网的连通性。命令如下：

```
PC> ping  211.83.206.2
PC> ping  211.83.100.5
```

都能 ping 通，说明 PC3 通过静态 NAT 转换已经能够成功访问外网了。

现在，来回答本实验开头提出的问题，"我们使用的计算机是怎样访问 Internet 的呢？外网的信息又是怎样传送回计算机里的呢？"

```
[R2]display nat static
  Static Nat Information:
  Interface : GigabitEthernet0/0/0
    Global IP/Port    : 211.83.206.3/----
    Inside IP/Port    : 192.168.2.1/----
    Protocol : ----
    VPN instance-name  : ----
    Acl number         : ----
    Netmask  : 255.255.255.255
    Description : ----

  Total :    1
```

图 19-7　查看静态 NAT

在 NAT 路由器 R2 的 GE 0/0/0 接口上启用抓包功能，查看内网的 PC3 访问外网地址的转换过程。Wireshark 打开后，如果没有信息显示，就在 PC3 上再 ping 一次外网。命令如下：

```
PC> ping 211.83.100.5
```

如图 19-8 所示，NAT 路由器 R2 已经成功地把来自 PC3 的私有地址 192.168.2.1 的报文信息，转换成了公有地址 211.83.206.3，然后发送给外网主机 211.83.100.5。退出 Wireshark，不用保存。

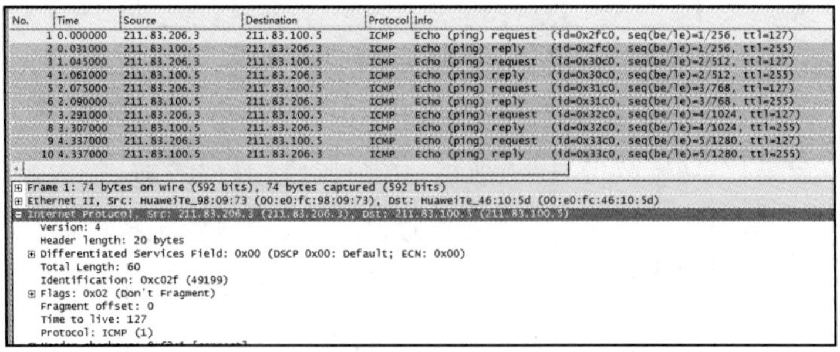

图 19-8　抓包观察静态 NAT 转换 1

在外网路由器 R1 上，使用环回地址 211.83.100.5 访问 PC3 的公有地址 211.83.206.3，在 PC3 的 Ethernet 0/0/1 接口上抓包观察，注意环回地址的使用方法，命令如下：

```
[R1] ping -a 211.83.100.5 211.83.206.3
```

在图 19-9 上可以看到，由于 PC3 的私网地址是静态 NAT，即唯一与 211.83.206.3 对应的私网地址，所以外网地址 211.83.100.5 发送的报文，在经过 NAT 路由器 R2 之后，直接将地址转换为了私网地址 192.168.2.1，发送给了 PC3。

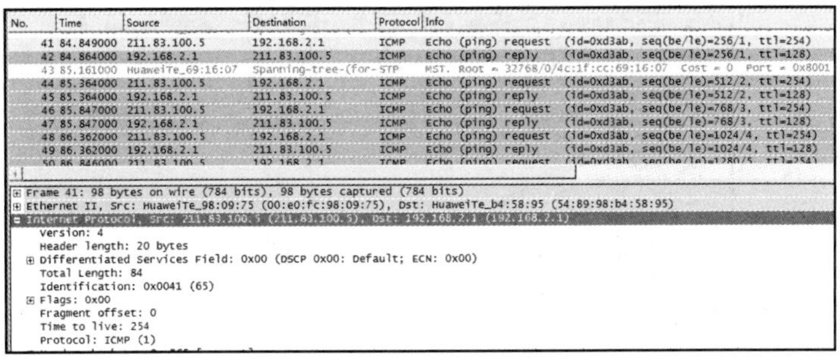

图 19-9 抓包观察静态 NAT 转换 2

5. 配置动态 NAT

学校内部的计算机都需要访问外网，现将私有地址 192.168.1.0/24 这个网段的计算机，配置为动态 NAT，使用的地址池为 211.83.206.10~211.83.206.15，（在假设公有地址足够的情况下）。

在路由器 R2 上使用 nat address-group 配置 NAT 地址池，设置起始地址和结束地址分别为 211.83.206.10 和 211.83.206.15，命令如下：

```
[R2] nat address-group 1 211.83.206.10 211.83.206.15
```

创建访问控制列表 ACL 2001，网段为 192.168.1.0，通配符掩码为 0.0.0.255。

```
[R2] acl 2001
[R2-acl-basic-2001] rule 5 permit source 192.168.1.0 0.0.0.255
[R2-acl-basic-2001] q
```

在路由器 R2 的 GE 0/0/0 接口上使用 nat outbound 命令将 ACL2001 与 NAT 地址池关联，使得 ACL2001 中规定的地址可以和 NAT 地址池进行地址转换，命令如下：

```
[R2] int g 0/0/0
[R2-GigabitEthernet0/0/0] nat outbound 2001 address-group 1 no-pat
[R2-GigabitEthernet0/0/0] q
```

配置完成后，在路由器 R2 上查看 NAT Outbound 的信息，命令如下：

```
[R2] display nat outbound
```

如图 19-10 所示，访问控制列表 ACL 2001 已经和 NAT 地址池建立了关联关系，在 PC1 和 PC2 上访问外网，测试连通性，命令如下：

```
PC> ping 211.83.100.5
```

```
[R2]display nat outbound
 NAT Outbound Information:
 ---------------------------------------------------------------------------
 Interface                 Acl     Address-group/IP/Interface         Type
 ---------------------------------------------------------------------------
 GigabitEthernet0/0/0      2001                                1    no-pat
 ---------------------------------------------------------------------------
  Total : 1
```

图 19-10 动态 NAT 信息

在 NAT 路由器 R2 的 GE 0/0/0 接口上抓包观察地址的转换情况，如果没有反映，就再 ping 一次。

从图 19-11 中可以看到，来自 PC1 的数据报文在 R2 的 GE 0/0/0 接口上，将 PC1 的私有地址 192.168.1.1 转换成了地址池的公有地址 211.83.206.12，然后发送给外网主机的 211.83.100.5。

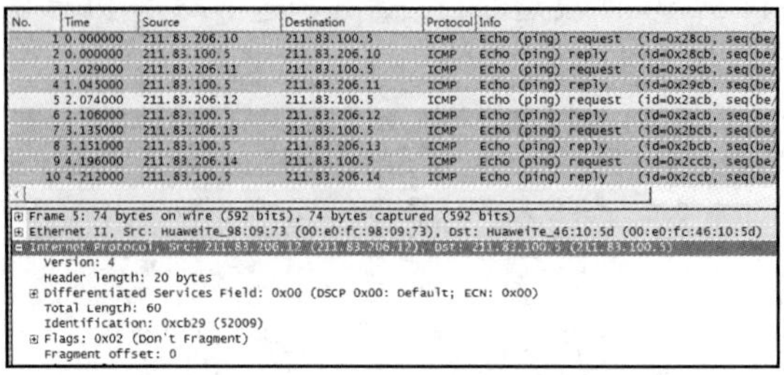

图 19-11　抓包观察动态 NAT 转换

6. 配置端口多路复用 NAPT

在实际应用中，公有 IP 地址十分稀缺，一个上万人的学校可能只能申请到三四个公有 IP 地址，是不可能如上例中用那么多公有地址来建立地址池的。端口多路复用 NAPT 是目前使用最多的一种 NAT 转换方式。

下面，将私有地址 192.168.1.0/24 这个网段的计算机配置为一对多的 NAPT，以满足学校内部的计算机访问外网的需求，使用的公有地址为 NAT 路由器 R2 的出口 IP 地址 211.83.206.1。

在路由器 R2 的 GE 0/0/0 接口上，删除先前设置的动态 NAT 关联，命令如下：

```
[R2] int  g  0/0/0
[R2-GigabitEthernet0/0/0] undo  nat  outbound  2001  address-group  1
no-pat
```

访问控制列表 ACL 2001 的内容不变，直接使用路由器 R2 的 GE 0/0/0 接口上的地址 211.83.206.1，作为 NAPT 转换后的地址。

```
[R2-GigabitEthernet0/0/0] nat  outbound  2001
```

配置完成后，使用 PC1 和 PC2 访问外网，测试连通性。

在 NAPT 转换中，因为抓包工具只能反映数据报文的传送情况，不能反映具体端口的传送情况，所以使用发包工具和查看 NAT 会话命令来观察地址的转换过程。在 PC1、PC2 上使用 UDP 发包到公有地址 211.83.100.5。

如图 19-12、图 19-13 所示，配置好目的 IP 地址和源 IP 地址后，随机输入字符串数据，单击"发送"按钮，发送数据包。

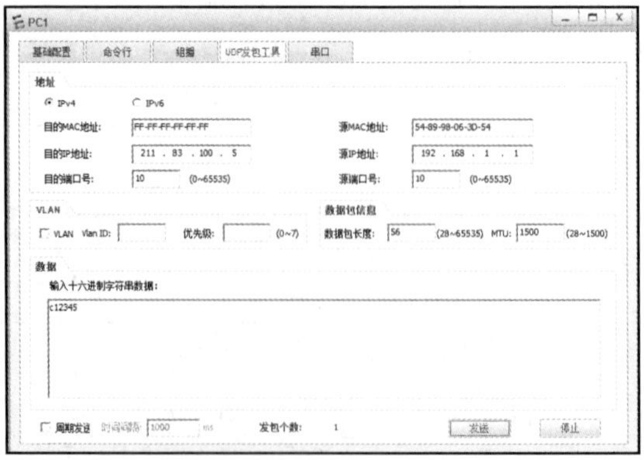

图 19-12　PC1 的 UDP 发包配置

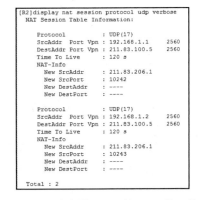

图 19-13　PC2 的 UDP 发包配置

用 PC1 和 PC2 发送 UDP 数据包后，在路由器 R2 上查看 NAT Session 的信息，命令如下：

`[R2] display nat session protocol udp verbose`

从图 19-14 中观察到，源地址为 192.168.1.1 的 UDP 数据包，被新的源地址 211.83.206.1 和新的端口 10242 所替换；源地址为 192.168.1.2 的 UDP 数据包，被新的源地址 211.83.206.1 和新的端口 10243 所替换。

NAT 路由器 R2 利用自身的 GE 0/0/0 接口，使用动态端口号作为映射参数，对私有地址和公有地址进行 NAPT 转换，使局域网中所有的计算机共享一个公有地址访问 Internet，从而最大限度地节约了公有地址资源。

```
[R2]display nat session protocol udp verbose
NAT Session Table Information:

    Protocol          : UDP(17)
    SrcAddr Port Vpn : 192.168.1.1      2560
    DestAddr Port Vpn : 211.83.100.5    2560
    Time To Live      : 120 s
    NAT-Info
      New SrcAddr      : 211.83.206.1
      New SrcPort      : 10242
      New DestAddr     : ----
      New DestPort     : ----

    Protocol          : UDP(17)
    SrcAddr Port Vpn : 192.168.1.2      2560
    DestAddr Port Vpn : 211.83.100.5    2560
    Time To Live      : 120 s
    NAT-Info
      New SrcAddr      : 211.83.206.1
      New SrcPort      : 10243
      New DestAddr     : ----
      New DestPort     : ----

Total : 2
```

图 19-14　路由器 R2 上的 NAT 端口信息

7. 配置 NAT 服务器

配置校内的 FTP 服务器提供外网用户访问，私有地址是 192.168.2.2，配置为 NAT 服务器，对外的服务器地址为 211.83.206.4。

为了使 NAT 能够正常转换，使用 FTP 协议时必须首先开启 NAT ALG 功能。使用 nat alg 命令在路由器 R2 上开启 FTP 转换功能，命令如下：

`[R2] nat alg ftp enable`

开启之后，查看 NAT 应用层网关信息，命令如下：

`[R2] dis nat alg`

在图 19-15 中，FTP 的状态已经变为 Enabled，只有开启了这项功能，FTP 报文才能正常进行 NAT 转换，否则该应用协议就不能正常工作。

```
[R2]dis nat alg

NAT Application Level Gateway Information:
----------------------------------------
  Application          Status
----------------------------------------
  dns                  Disabled
  ftp                  Enabled
  rtsp                 Disabled
  sip                  Disabled
----------------------------------------
```

图 19-15　开启 NAT ALG 功能的 FTP 服务

在路由器 R2 的 GE 0/0/0 接口上，使用 nat server 命令定义内部服务器的映射表，指定服务器通信协议类型为 TCP，配置服务器使用的公有地址为 211.83.206.4，服务器私有地址为 192.168.2.2，命令如下：

```
[R2] int  g  0/0/0
[R2-GigabitEthernet0/0/0] nat server protocol tcp global 211.83.206.4 inside
192.168.2.2
[R2] q
```

配置完成后，在 R2 上查看 NAT server 信息，命令如下：

```
[R2] display  nat  server
```

从图 19-16 中可以看到，地址映射已经配置好了，双击打开 FTP 服务器，如果没有启动，就手动启动 FTP 服务器，如图 19-17 所示。

图 19-16　查看 NAT 服务器信息

图 19-17　启动 FTP 服务器

服务器设置完成后，在 R1 上模拟公网用户访问该私网 FTP 服务器，命令如下：

```
<R1> ftp 211.83.206.4
```

如图 19-18 所示，登录时默认需要输入用户名和密码。由于服务器上没有设置用户名和密码，每次在 R1 上输入时等同于创建该用户名和密码，本次使用设置用户名为 use1，密码 1234，登录 FTP。

```
<R1>ftp 211.83.206.4
Trying 211.83.206.4 ...

Press CTRL+K to abort
Connected to 211.83.206.4.
220 FtpServerTry FtpD for free
User(211.83.206.4:(none)):use1
331 Password required for use1 .
Enter password:
230 User use1 logged in , proceed

[R1-ftp]ls
200 Port command okay.
150 Opening ASCII NO-PRINT mode data connection for ls -l.
test.txt
226 Transfer finished successfully. Data connection closed.
FTP: 10 byte(s) received in 0.100 second(s) 100.00byte(s)/sec.

[R1-ftp]
```

图 19-18　访问 FTP 服务器

登录之后，使用 ls 命令，查看先前设定的 FTP 默认目录下的文件 test.txt，命令如下：

```
[R1-ftp] ls
```

查看图 19-18 中的 test.txt 文件，然后用 q 命令退出 FTP，实验完成。

六、思考题

（1）出于职业习惯，某网络管理员将他管理的三个企业的内网地址都设定为同一个网段

192.168.100.0/24，如图 19-19 所示。这三个内网里的计算机经过 NAT 路由器转换后访问 Internet 时，会产生冲突吗？为什么？

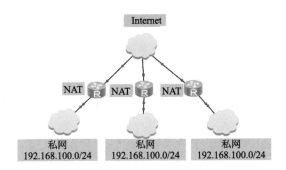

图 19-19　某网管的网络拓扑图

（2）在配置端口多路复用 NAPT 时，查看端口使用状况时为什么不用抓包工具，而使用 UDP 发包工具？

（3）如果不开启 NAT ALG 功能，外网可以正常使用内网的 FTP 服务器吗？

七、实验报告

请按照实验报告的格式要求（见附录 A）撰写实验报告。

实验 二十

PPP 实验

一、实验目的

（1）理解 PPP 协议的概念和工作流程。

（2）了解 PAP 认证和 CHAP 认证的区别与应用场景。

（3）能够使用命令搭建 PPP 网络，并进行 PAP 认证和 CHAP 认证。

二、实验设备

计算机一台，安装有 eNSP 虚拟仿真软件。

三、实验内容

某企业有两台网关路由器，要求配置为 PPP 协议，其中 R1 是分部接入端网关路由器，R2 是总部核心路由器。出于安全考虑，网络管理员在分部访问总部时，分别尝试部署 PAP 认证和 CHAP 认证，只有通过认证才能建立 PPP 连接进行正常访问。

四、实验原理

本实验的实验原理和相关命令，是建立在先前内容的基础之上的，如有遗忘，请自行复习实验十"开放最短路径优先（OSPF）实验"，然后再继续学习本实验的内容。

1. PPP 协议

PPP（point-to-point protocol）又称点到点协议，是目前使用最广泛的数据链路层协议，它提供全双工操作，并按照顺序传递数据包，主要用来通过拨号或专线方式建立点对点连接发送数据。PPP 链路是各种主机、网桥和路由器之间进行简单连接的一种常用的解决方案。

以太网协议工作在以太网接口和以太网链路上，而 PPP 协议工作在串行接口和串行链路上。不管是低速的拨号连接还是高速的光纤链路都适用 PPP 协议，计算机用户通常都要连接到互联网服务提供商 ISP（Internet service provider）才能接入 Internet。PPP 协议就是用户计算机和 ISP 之间进行通信时所使用的数据链路层协议。

PPP 协议是一个协议集，主要包含 LCP（link control protocol，链路控制协议）、NCP（network control protocol，网络控制协议）和 PPP 的扩展协议。在认证阶段使用到的 PAP 和 CHAP 等认证方式，默认情况下是省略的，即 PPP 链路默认不进行认证。

PPP 协议经常应用于广域网连接中，对 PPP 链路的长度没有规定，因此 PPP 技术是一种广域网技术。

2．PPP 协议的工作流程

PPP 协议的基本工作流程包含五个阶段，分别是：链路关闭阶段（link dead）、链路建立阶段（link establishment）、认证阶段（authentication）、网络层协议阶段（network layer protocol）和链路终结阶段（link termination）。

在链路关闭阶段，PPP 接口的物理层功能尚未进入正常状态，只有当两个接口的物理功能都正常之后，才能进入下一个阶段。

物理连接完成以后，PPP 自动进入链路建立阶段，认证端和被认证端互相发送携带有 LCP 报文的 PPP 帧，即交互 LCP 报文协商若干重要而基本的参数，确保 PPP 链路可以正常工作。

PPP 默认省略认证阶段，但出于安全考虑，一般都会进行身份认证、授权和计费。常用的认证协议有 PAP（密码认证协议）和 CHAP（挑战握手认证协议）。

在网络层协议阶段，双方通过 NCP 协议来对网络层协议的参数进行协商，协商一致后，定时发送 Echo Request 报文和 Echo Reply 报文进行应答，PPP 链路开始工作，传递数据报文，PPP 协议会一直工作在这一阶段。NCP 协议包括很多具体的内容，PPP 使用的 IPCP 协议是其中之一。

很多情况都会导致 PPP 进入链路终结阶段，比如认证未通过、信号质量太差、光纤中断或管理员主动关闭链路等，这时 PPP 连接终止，链路不可用。若要重新启用，则需要重复以上流程。

3．PAP 认证和 CHAP 认证

PAP（password authentication protocol，密码认证协议）是 PPP 协议中的一种简单链路控制协议。在完成 PPP 链路建立之后，被认证端首先发起认证请求，向认证端发送用户名和密码进行身份认证，认证端检验发送来的用户名和密码是否正确，如果密码正确，则 PAP 认证通过；如果密码错误，则 PAP 认证失败。

PAP 认证过程采用二次握手机制，使用明文格式发送用户名和密码，只在链路建立之后进行 PAP 认证，一旦验证成功将不再进行认证检测。

CHAP（challenge handshake authentication protocol，挑战握手认证协议），是一种采用算法加密的认证方法。首先由认证端给被认证端发送一个随机码 challenge，被认证端根据 challenge 对密码进行 MD5 单向哈希算法（one-way Hashing Algorithm）加密，然后把这个结果发回认证端。认证端从数据库中取出密码，同样进行 MD5 加密处理，比较加密结果是否相同，如果相同，则 CHAP 认证通过，向被认证端发送认可信息；如果不同，则 CHAP 认证失败。

CHAP 对 PAP 进行了改进，不再直接通过链路发送明文密码，而是采用三次握手机制，使用密文发送信息，由认证方发起认证，从而有效地避免了暴力破解。

CHAP 在链路建立时完成。为了提高安全性，整个 PPP 连接过程中，认证端将不定时地向被认证端重复发送 challenge，进行周期性验证，CHAP 比 PAP 更安全，目前在远程接入环境中使用得更多。

4．3A 用户认证

在本实验中，还会使用到 AAA（3A）用户认证。PAP 和 CHAP 是用于 PPP 网络认证的，而 3A 认证是用来管理用户的。

AAA 是指认证（authentication）、授权（authorization）和计费（accounting），它是一个能够处理用户访问请求的服务器程序，提供身份认证、授权以及账户服务，主要目的是管理访问网络

的用户，为具有访问权的用户提供支持。AAA 通常同网络访问控制、网关服务器、数据库以及用户信息目录等协同工作。

五、实验过程与步骤

本实验要搭建一个 PPP 网络，路由器 R1 是被认证端，路由器 R2 是认证端，在 R1 和 R2 之间分别部署 PAP 和 CHAP 认证。

1．实验编址表

PPP 链路和网关路由器已经存在，实验编址表如表 20-1 所示。

表 20-1　实验编址表

设备	接口	IP 地址	子网掩码	默认网关
R1	Serial 4/0/0	10.0.13.1	255.255.255.0	N/A
	Loopback 0	192.168.1.1	255.255.255.0	N/A
R2	Serial 4/0/0	10.0.13.2	255.255.255.0	N/A
	Loopback 0	172.16.2.2	255.255.255.0	N/A

在表 20-1 中，路由器 R1 和 R2 之间使用的是串口连接。PPP 协议工作在串行接口和串行链路上，一个 PPP 网络只能包含两个 PPP 接口，每个接口称为点，所以一个 PPP 网络经常称为点到点网络，这和以前实验中使用的以太网接口不一样。

表 20-1 中的 Serial 接口即串口，它是一种最常用的广域网接口，可工作在同步方式和异步方式下，因此又称同/异步串口。

2．网络拓扑图

打开 eNSP，新建拓扑，添加路由器 R1 和 R2，型号为 AR2240。首先给路由器添加串口卡，在 R1 图标上右击，在弹出的快捷菜单中选择"设置"命令，打开设备接口配置界面，如图 20-1 所示。

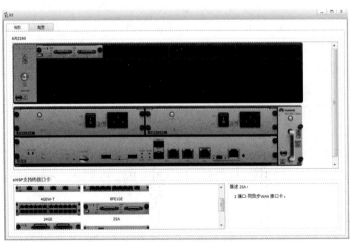

图 20-1　给路由器添加串口卡

在"eNSP 支持的接口卡"区域中，选择 2SA 接口卡，这是一块有两个端口的同/异步 WAN 接口卡，将它拖到上方的 AR2240 的设备面板上的接口槽中。如果需要删除某个接口卡，直接将设备面板上的接口卡拖回"eNSP 支持的接口卡"区域即可。

在华为 AR 系列路由器中，Serial 接口是扩展的 2SA 接口卡。SA（synchronous asynchronous）是同/异步串口的英文缩写，主要功能是完成同/异步串行数据流的收发及处理，支持多种信号标准和波特率。

路由器 R2 同理操作。注意，只有在设备电源关闭的情况下，才能进行增加或删除接口卡的操作。

在网络设备区选择"设备连线"，使用 Serial（串口线），连接 R1 和 R2 的 Serial 4/0/0 接口，如图 20-2 所示。

连接好的 PPP 实验网络拓扑图如图 20-3 所示，保存网络拓扑，启动设备。

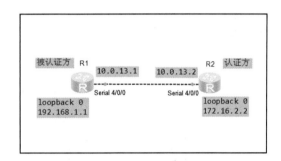

图 20-2　使用 Serial 连接 PPP 网络　　　图 20-3　PPP 实验网络拓扑图

3. 基本配置路由器

根据表 20-1 和图 20-3 配置路由器 R1 和 R2 的 Serial 4/0/0 接口和环回接口，路由器 R1 的配置命令如下：

```
<Huawei> sys
[Huawei] sysn R1
[R1] interface  Serial  4/0/0
[R1-Serial4/0/0] ip address  10.0.13.1  24
[R1-Serial4/0/0] q
[R1] interface  loopback  0
[R1-LoopBack0] ip address  192.168.1.1  24
[R1-LoopBack0] q
```

注意串口和环回接口的配置方法。配置完成后，执行查看命令如下：

```
[R1] dis  ip  int  b
```

在图 20-4 中查看路由器 R1 的接口情况，在添加 2SA 接口卡之后，多了 Serial 4/0/0 和 Serial 4/0/1 两个串行接口。串口的 IP 地址配置完成后，Serial 4/0/0 的 Physical 为 UP，即串口的物理状态处于正常启动的状态； Protocol 为 UP，即串口的链路协议状态处于正常启动的状态。

```
[R1]dis ip int b
*down: administratively down
^down: standby
(1): loopback
(s): spoofing
The number of interface that is UP in Physical is 3
The number of interface that is DOWN in Physical is 4
The number of interface that is UP in Protocol is 3
The number of interface that is DOWN in Protocol is 4

Interface                    IP Address/Mask     Physical   Protocol
GigabitEthernet0/0/0         unassigned          down       down
GigabitEthernet0/0/1         unassigned          down       down
GigabitEthernet0/0/2         unassigned          down       down
LoopBack0                    192.168.1.1/24      up         up(s)
NULL0                        unassigned          up         up(s)
Serial4/0/0                  10.0.13.1/24        up         up
Serial4/0/1                  unassigned          down       down
```

图 20-4　路由器 R1 接口配置信息

下面查看串口 Serial 4/0/0 的配置信息，命令如下：

[R1] display interface Serial 4/0/0

如图 20-5 所示，Serial 4/0/0 的 current state 为 UP，protocol 为 UP，都是正常的启动状态；Link layer protocol is PPP 表示链路层协议默认为 PPP；LCP 链路控制协议状态为 opened，已经打开，但由于被认证端尚未配置，所以 PPP 链路未接通，网络层协议 IPCP 状态为 stopped。

```
[R1]display interface Serial 4/0/0
Serial4/0/0 current state : UP
Line protocol current state : UP
Last line protocol up time : 2018-01-18 23:43:29 UTC-08:00
Description:HUAWEI, AR Series, Serial4/0/0 Interface
Route Port,The Maximum Transmit Unit is 1500, Hold timer is 10(sec)
Internet Address is 10.0.13.1/24
Link layer protocol is PPP
LCP opened, IPCP stopped
Last physical up time   : 2018-01-18 23:43:26 UTC-08:00
Last physical down time : 2018-01-18 23:43:22 UTC-08:00
Current system time: 2018-01-18 23:50:59-08:00
Physical layer is synchronous, Virtualbaudrate is 64000 bps
Interface is DTE, Cable type is V11, Clock mode is TC
Last 300 seconds input rate 7 bytes/sec 56 bits/sec 0 packets/sec
Last 300 seconds output rate 3 bytes/sec 24 bits/sec 0 packets/sec
```

图 20-5　路由器 R1 的 Serial 4/0/0 配置信息 1

同理配置路由器 R2，配置完成之后，再次查看 R1 或 R2 的串口 Serial 4/0/0 的配置信息，命令如下：

[R1] display interface Serial 4/0/0

从图 20-6 中观察到，R1 和 R2 的网络层协议 IPCP 状态为 opened，已经打开了。这是因为 PPP 链路配置连通后，认证阶段在默认情况下是省略的，即 PPP 链路默认不进行认证就会自动进入网络层协议阶段。IPCP opened 表示 PPP 开始工作了。

```
[R1]display interface Serial 4/0/0
Serial4/0/0 current state : UP
Line protocol current state : UP
Last line protocol up time : 2018-01-19 21:59:32 UTC-08:00
Description:HUAWEI, AR Series, Serial4/0/0 Interface
Route Port,The Maximum Transmit Unit is 1500, Hold timer is 10(sec)
Internet Address is 10.0.13.1/24
Link layer protocol is PPP
LCP opened, IPCP opened
Last physical up time   : 2018-01-19 21:59:29 UTC-08:00
Last physical down time : 2018-01-19 21:59:19 UTC-08:00
```

图 20-6　路由器 R1 的 Serial 4/0/0 配置信息 2

完成以上的基础配置后，在 R1 上测试连通性，命令如下：

```
[R1] ping 10.0.13.2
```

能够 ping 通，说明两个路由器之间已经连通，PPP 链路连通了，但此时 PPP 网络的安全性显然是不够的，还需要网络管理员配置认证协议。

4. 搭建 OSPF 网络

在 R1 和 R2 上运行 OSPF 协议，通告相应网段到 area0 中，注意命令中通配符掩码的用法。

路由器 R1 的配置命令如下：

```
[R1] ospf 1
[R1-ospf-1] area 0
[R1-ospf-1-area-0.0.0.0] network 10.0.13.0 0.0.0.255
[R1-ospf-1-area-0.0.0.0] network 192.168.1.0 0.0.0.255
[R1-ospf-1-area-0.0.0.0] q
[R1-ospf-1] q
```

路由器 R2 的配置命令如下：

```
[R2] ospf 1
[R2-ospf-1] area 0
[R2-ospf-1-area-0.0.0.0] network 10.0.13.0 0.0.0.255
[R2-ospf-1-area-0.0.0.0] network 172.16.2.0 0.0.0.255
[R2-ospf-1-area-0.0.0.0] q
[R2-ospf-1] q
```

配置完成后，在路由器 R1 的路由表上查看 OSPF 路由信息，命令如下：

```
[R1] display ip routing-table protocol ospf
```

如图 20-7 所示，路由器 R1 已经学习到了 area0 中所有相关网段的路由信息，同理查看路由器 R2。

```
[R1] display ip routing-table protocol ospf
Route Flags: R - relay, D - download to fib
------------------------------------------------------------
Public routing table : OSPF
         Destinations : 1        Routes : 1

OSPF routing table status : <Active>
         Destinations : 1        Routes : 1

Destination/Mask    Proto   Pre  Cost      Flags NextHop        Interface

   172.16.2.2/32    OSPF    10   48          D   10.0.13.2      Serial14/0/0

OSPF routing table status : <Inactive>
         Destinations : 0        Routes : 0
```

图 20-7　查看 R1 的 OSPF 路由信息

在路由器 R1 上测试环回地址与路由器 R2 环回地址的连通性，命令如下：

```
<R1> ping -a 192.168.1.1 172.16.2.2
```

能 ping 通，说明整个网络已连通。

5. 配置 PAP 认证

为了提高分部与总部之间通信时的安全性，网络管理员需要在路由器 R1 和 R2 之间部署 PAP 认证，路由器 R1 是被认证端，路由器 R2 是认证端，先在认证端 R2 上配置用户，进入 AAA 视图，设置本地认证用户，用户名为 R1，密码为 123456，命令如下：

```
[R2] aaa
[R2-aaa] local-user R1 password cipher 123456
```

查看配置结果，命令如下：

```
[R2-aaa] display  local-user
```

如图 20-8 所示，除了默认用户 admin 之外，新建了一个名为 r1 的用户。

```
[R2-aaa]display local-user
--------------------------------------------------------
User-name                    State  AuthMask  AdminLevel
--------------------------------------------------------
r1                           A      A         -
admin                        A      H         -
--------------------------------------------------------
Total 2 user(s)
```

图 20-8　查看本地 AAA 用户

在路由器 R2 的 Serial 接口上设置 PPP 的认证方式为 PAP，命令如下：

```
[R2] int  s  4/0/0
[R2-Serial4/0/0] ppp  authentication-mode  pap
```

配置完成后，关闭路由器 R2 与 R1 相连的接口，一段时间后再打开，使 R1 和 R2 之间的链路重新协商，命令如下：

```
[R2-Serial4/0/0] shutdown
[R2-Serial4/0/0] undo  shutdown
```

在路由器 R2 上检查链路状态和连通性，命令如下：

```
 [R2-Serial4/0/0] dis  ip  int  b
```

从图 20-9 中可以看到，Serial 4/0/0 的 Physical 为 up，即串口的物理状态处于正常启动的状态，但 Protocol 为 down，即串口的链路协议状态处于没有正常启动的状态。

```
[R2-Serial4/0/0]dis ip int b
*down: administratively down
^down: standby
(l): loopback
(s): spoofing
The number of interface that is UP in Physical is 3
The number of interface that is DOWN in Physical is 4
The number of interface that is UP in Protocol is 2
The number of interface that is DOWN in Protocol is 5

Interface                    IP Address/Mask    Physical   Protocol
GigabitEthernet0/0/0         unassigned         down       down
GigabitEthernet0/0/1         unassigned         down       down
GigabitEthernet0/0/2         unassigned         down       down
LoopBack0                    172.16.2.2/24      up         up(s)
NULL0                        unassigned         up         up(s)
Serial4/0/0                  10.0.13.2/24       up         down
Serial4/0/1                  unassigned         down       down
```

图 20-9　查看 Serial 接口的链路状态 1

测试一下 R2 与 R1 之间的连通性，命令如下：

```
[R2] ping  192.168.1.1
```

发现 R2 与 R1 之间不能正常通信，这是因为此时 PPP 链路上的 PAP 认证尚未通过，现在只配置了认证端 R2，还需要在被认证端 R1 上配置认证参数。

在被认证端 R1 上配置以 PAP 方式发送用户名和密码，命令如下：

```
[R1] int  s  4/0/0
[R1-Serial4/0/0] ppp  pap  local-user  R1  password  cipher  123456
[R1-Serial4/0/0] q
```

配置完成后，多等待几分钟，使 R1 和 R2 之间完成 PAP 链路参数交换过程，然后在 R2 上检查链路状态，命令如下：

```
[R2-Serial4/0/0] dis ip int b
```

查看 Serial 4/0/0 接口的 Protocol 状态是否为 up，如果是，则说明 Serial 4/0/0 接口的链路协议状态已经启动，PPP 链路进入网络层协议阶段，开始工作了。

在分支路由器 R1 上验证 PAP 的连通性，命令如下：

```
[R1] ping -a 192.168.1.1 172.16.2.2
```

环回地址能连通，说明总部与分部之间的终端通信正常了。

6. 配置 CHAP 认证

PAP 认证使用一段时间之后，管理员发现网络频繁遭受攻击，PPP 认证密码经常被盗用，于是打算将 PAP 认证方式改为安全性更高的 CHAP 认证方式。

在认证端 R2 上删除原有的 PAP 配置，命令如下：

```
[R2] int s 4/0/0
[R2-Serial4/0/0] undo ppp authentication-mode
```

在被认证端 R1 上删除原有的 PAP 配置，命令如下：

```
[R1] int s 4/0/0
[R1-Serial4/0/0] undo ppp pap local-user
```

在认证端 R2 上配置用户，进入 AAA 视图，设置本地认证用户，用户名为 R1，密码为 123456，命令如下：

```
[R2]aaa
[R2-aaa]local-user R1 password cipher 123456
```

在路由器 R2 的 Serial 接口上设置认证方式为 CHAP，命令如下：

```
[R2] int s 4/0/0
[R2-Serial4/0/0] ppp authentication-mode chap
```

配置完成后，关闭路由器 R2 与 R1 相连的接口一段时间后再打开，使 R1 和 R2 之间的链路重新协商，命令如下：

```
[R2-Serial4/0/0] shutdown
[R2-Serial4/0/0] undo shutdown
```

在路由器 R2 上检查链路状态和连通性，命令如下：

```
[R2-Serial4/0/0] dis ip int b
```

观察发现，Serial 4/0/0 的 Physical 为 up，即串口的物理状态处于正常启动的状态，但 Protocol 为 down，即串口的链路协议状态处于没有启动的状态。

测试一下 R2 与 R1 之间的连通性，命令如下：

```
[R2] ping 192.168.1.1
```

发现 R2 与 R1 之间不能正常通信，这是因为此时 PPP 链路上的 CHAP 认证尚未通过，现在只配置了认证端 R2，还需要在被认证端 R1 上配置认证参数。

在被认证端 R1 上配置用户名和密码，命令如下：

```
[R1] int s 4/0/0
[R1-Serial4/0/0] ppp chap user R1
[R1-Serial4/0/0] ppp chap password cipher 123456
```

配置完成后，多等待几分钟，使 R1 和 R2 之间完成 CHAP 链路参数交换过程，然后在 R2 上检查链路状态，命令如下：

```
[R2-Serial4/0/0] dis ip int b
```

在图 20-10 中，查看 Serial 4/0/0 接口的 Protocol 状态是否为 up，如果是，则说明 Serial 4/0/0 接口的链路协议状态已经启动，CHAP 链路进入网络层协议阶段，开始工作了。

```
[R2-Serial4/0/0]dis ip int b
*down: administratively down
^down: standby
(1): loopback
(s): spoofing
The number of interface that is UP in Physical is 3
The number of interface that is DOWN in Physical is 4
The number of interface that is UP in Protocol is 3
The number of interface that is DOWN in Protocol is 4

Interface                      IP Address/Mask    Physical    Protocol
GigabitEthernet0/0/0           unassigned         down        down
GigabitEthernet0/0/1           unassigned         down        down
GigabitEthernet0/0/2           unassigned         down        down
LoopBack0                      172.16.2.2/24      up          up(s)
NULL0                          unassigned         up          up(s)
Serial4/0/0                    10.0.13.2/24       up          up
Serial4/0/1                    unassigned         down        down
```

图 20-10　查看 Serial 接口的链路状态—2

在分支路由器 R1 上验证 CHAP 的连通性，命令如下：

```
[R1] ping -a 192.168.1.1 172.16.2.2
```

环回地址能连通，总部与分部之间的终端通信正常，实验完成。

六、思考题

（1）在配置 PAP 或 CHAP 认证时，在 PPP 链路一端加上认证配置而另一端未加上，为什么一定要重启端口后认证才能生效？

（2）PAP 认证和 CHAP 认证之间的区别是什么？

七、实验报告

请按照实验报告的格式要求（见附录 A）撰写实验报告。

实验二十一 校园网规划方案设计实验

一、实验目的

（1）了解网络工程规划建设的原则和通用模型。

（2）参考 eNSP 的校园网案例，完成一个小型网络拓扑设计。

二、实验设备

计算机一台，安装有 eNSP 虚拟仿真软件。

三、实验内容

以本校的校园网构建为例，使用 eNSP 仿真模拟校园网的设计规划、拓扑构建、设备选型和互连配置。

四、实验原理

"计算机网络"是一门理论与实践并重的课程，学生既要掌握网络原理、体系结构和网络协议，又要能够综合运用这些知识进行网络规划实施。通过设计一个小型的网络拓扑方案，让学生亲历研究选题方向、规划网络布局、设计拓扑结构、设备选型编址和配置调试的全过程，这对培养学生的实践能力和创新能力是非常有必要的。

1. 校园网建设的原则

高校数字化校园网是以数字化信息和网络为基础，在计算机和网络技术上建立起来的对教学、科研、管理、技术服务、生活服务等校园信息的收集、处理、整合、存储、传输和应用，使数字资源得到充分优化利用的一种虚拟教育环境。数字化校园网在规划时考虑的一般设计原则如下：

（1）实用性。校园网的建设要根据学校自身的实际情况和发展方向来制定，充分利用学校现有网络基础，坚持实用原则，在满足数字化校园网综合建设要求的前提下，以尽可能少的投入，取得尽可能大的效益。

（2）标准化。高校数字化建设应符合业界的主流标准和规范，包括基础架构与应用系统、系统集成与数据整合等，都应遵循标准化的原则，不依赖特定的网络、软件和硬件，并能够部署运行在各种主流的软硬件环境中。

（3）可靠性。高校数字化校园网支撑着整个学校的日常管理，必须具有高可靠性、高容错性和强大的数据处理能力，以确保不间断运行、确保局部出错不影响整体、确保快速响应。

（4）安全性。校园网中包含涉及学校各个职能部门的大量敏感数据，一旦遭受黑客攻击，后果十分严重，甚至会影响整个高校业务的运营。因此，校园网的安全性十分重要。保证安全性的主要技术有 VLAN 技术、访问控制列表、加密技术等。

2. 通用校园网模型

对于大型网络，业界一般采用通用的"核心层–汇聚层–接入层"的层次化网络设计模型，典型的校园网三层模型架构如图 21–1 所示。

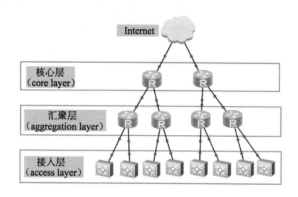

图 21–1　典型的校园网三层模型架构

（1）核心层（core layer）。核心层主要用于实现骨干网络中各个结点的互连，应重点考虑如何确保高性能的传输和传输的可靠性。在规划时还要进行多层设计以实现较高的扩展性和安全性，从而保障校园网的发展和安全。

（2）汇聚层（aggregation layer）。汇聚层是连接接入层和核心层的重要功能单元，将接入层的数据进行传输、转发和交换等处理，然后将处理后的数据汇聚传送至核心层。在实际运用中，一般根据需求在各个楼宇设置汇聚结点，这样不仅能够分担核心设备的压力，还能够确保数据传输和交换的效率。

（3）接入层（access layer）。接入层是指通信网络中直接连接用户并为用户提供访问校园网服务的功能单元。在设计接入层时，应充分考虑学校师生使用网络的时间规律，尽可能地均衡分配负载。

五、实验过程与步骤

在实验开始前，请先回想一下学校的校园网为你提供了哪些功能？你的思考其实就是网络工程需求分析的过程。一个校园网规划至少应该包括以下内容：

（1）可以连接 Internet 上网；

（2）速度要快，万兆主干，千兆支干，百兆接入终端；

（3）将学校不同部门、院系和校区连接起来，形成校园内部网；

（4）提供 Web 发布、邮件、DHCP 等服务，满足教学、办公和科研的需要；

（5）能够对各种终端进行多种方式的认证上网和计费策略；

（6）有网络安全管理，可预防病毒和黑客侵入；

（7）提供资源共享，外网可访问校园 Web 门户、VPN 和移动客户端等；

（8）校内实验室可以通过 NAT 转换访问外网；

（9）要有良好的扩展性，支持学校规模和学生数量的增加；

（10）网管系统能够进行远程调试和监控，能及时发现故障并报警等。

下面来分析一个校园网拓扑图。在 eNSP 主界面选择"菜单"→"文件"→"向导"命令，弹出引导界面，在引导界面的样例中，打开 Campus_Network 这个案例，如图 21-2 所示。单击工具栏的"显示所有接口"按钮，取消接口显示，可以看得更清楚。

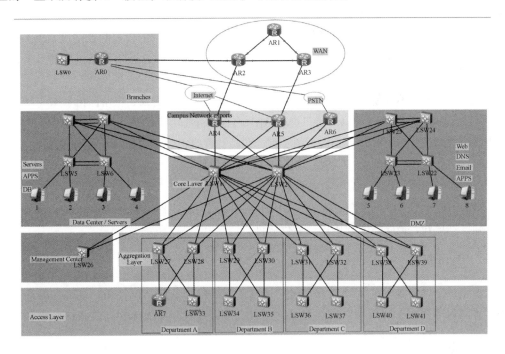

图 21-2　Campus_Network 案例

根据图 21-2 给出功能模块图，如图 21-3 所示。

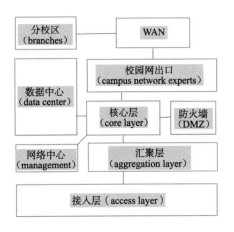

图 21-3　Campus_Network 功能模块图

从图 21-2 和图 21-3 可以看出，这个校园网包括：核心层、汇聚层、接入层、数据中心、网络中心、校园网出口、防火墙和分校区等几个功能分区。其中两个核心交换机的功能是实现骨干网络之间的优化传输，骨干层解决冗余能力、可靠性和高速传输，数据中心提供 Servers、Apps和 DB 服务，网络中心是管理、维护校园网络的核心服务区，校园网出口提供访问控制、NAT 等服务，防火墙功能区还包括了 Web、DNS、E-mail 和 Apps，分校区通过 Internet 连入主校区。

这个 Campus_Network 案例给出的仅仅是一个组网图，后续要做的工作还很多。首先是 IP 地址规划，好的地址规划同科学的分层拓扑设计相辅相成，对网络的稳定性起到至关重要的影响，共同形成整体的网络设计解决方案。

其次是 VLAN 划分，用户和设备数量越大，每台交换机要处理的广播和数据包就越多，创建VLAN，将交换机上的不同接口分派到不同的子网当中，可以有效地减少网络风暴的产生，保证网络的稳定和安全。

在配置路由时，不要使用默认路由，要使用静态路由、路由协议、主备路由、NAT 转换技术和高级 ACL 访问控制列表，可以对接口进行 ARP 检查和静态绑定，防止攻击、病毒等。

校园网规划设计本身就是一个大型的工程，包括的内容很多，比如：无线网络设计、公共监控系统布局、各分校区之间 PPP 连接、校园出口 NAT 设计等。

请以本校校园网为背景，自行查找资料，选定题目，设计一个小型的网络规划方案。内容不限于本书的实验项目，既可独立完成，也可组团操作，至少给出网络拓扑图和 IP 地址规划，能够完成基础设置更好，最好能配置协议，运行通过。

六、思考题

请思考一个网络规划的实现过程，包括选题、规划网络布局、设计拓扑结构、设备选型编址和配置调试等内容，在校园网方案的设计过程中总结经验，交流体会，并将这些收获写进实验报告。

七、实验报告

请按照实验报告的格式要求（见附录 A）撰写实验报告。

第五章 光纤通信 SDH 技术

实验二十二

SDH 光传输设备硬件构成与连接

一、实验目的

（1）了解华为 SDH 光传输设备 Optix Metro1000 的硬件构成和功能。

（2）掌握在 ODF（光纤配线）架上通过光纤连线构成不同拓扑结构的光传输网。

二、实验设备

（1）Metro1000 三套。

（2）ODF 架一组。

（3）单模光纤数根。

（4）操作维护计算机终端若干台。

三、实验内容

（1）分组对华为 SDH 光传输设备 Optix Metro1000 的实际单板构成进行观察。

（2）使用单模光纤在光配线架上实现多台 Optix Metro1000 的连接，从而构成不同拓扑结构的光传输网。

四、实验原理

1. SDH 设备硬件简介

Optix Metro1000 又称 Optix 155/622H，是华为技术有限公司根据城域网现状和未来发展趋势开发的新一代光传输设备。它融 SDH（synchronous digital hierarchy）、Ethernet、PDH （plesiochronous digital hierarchy）等技术为一体，采用多 ADM 技术，根据不同的配置需求，可以同时提供 E1、64 KB 语音、10M/100M、34M/45M 等多种接口，实现在同一个平台上高效地传送语音和数据业务。

本实验平台提供的传输设备 Optix Metro1000 传输速率为 STM-4（即 622M）。Optix Metro1000 主要应用于城域光传输网中的接入层，具有强大的接入容量及线路速率灵活配置等特点，可与 OSN 9500、Optix 10G、Optix OSN 2500、Optix OSN 2000、Optix Metro 3000 混合组网构成完整的城域光传输网。如图 22-1 所示就是 Optix Metro1000 在光传输网中的地位。

Optix Metro1000 采用盒式集成设计，可以单独使用，也可以集成在 220 V 机箱中使用。机盒尺寸为 436 mm（宽）×293 mm（深）×86 mm（高），图 22-2 所示为 Optix Metro1000 前面板。

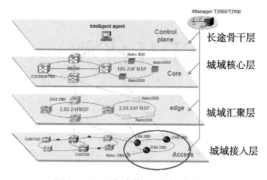

图 22-1　城域传输网结构图 　　　　　　图 22-2　Optix Metro1000 前面板

Optix Metro1000 前面板左侧有一个黑色的 ALMCUT 开关，用于切除告警声。当发生紧急或重要告警时，设备会发出告警声，同时面板上对应的告警指示灯会闪烁。此时将告警切除开关由 ALMON 拨到 ALMCUT 的位置即可切除告警声。

前面板的右侧有五个指示灯，用于指示设备的运行状态和告警。

（1）ETN（黄色）以太网灯，表示连接状态，指示灯亮不闪烁，表示以太网保持连接，但无数据传输；指示灯每 2 s 闪烁一次，则表示设备正常工作，即亮 1 s、灭 1 s；指示灯每 4 s 闪烁一次，表示数据库保护模式，电路板和主控亮 2 s，灭 2 s 单元邮箱通信中断（如 SCB 板被拔出、电路板脱机及电路板出错等）。

（2）RUN（绿色）运行灯，启动的时候是绿灯快闪，在正常运行情况下是亮 1 s 然后灭 1 s；指示灯每 1 s 闪烁约 2 次，擦除主机软件，亮 0.3 s、灭 0.3 s；指示灯每 1 s 闪烁 1 次，表示未加载主机软件，亮 0.5 s、灭 0.5 s。

（3）RALM（红色）严重告警灯，在有严重告警的时候会一直亮。告警消失，灯就灭了。

（4）YALM（黄色）一般告警灯，在有一般告警的时候会一直亮。告警消失，灯就灭了。

（5）FANALM（黄色）风扇告警灯，专门为风扇告警做的。指示灯亮则表示风扇板上至少有一个风扇不工作。

图 22-3 所示为 Optix Metro1000 后面板，由风扇板、电源滤波板、插板区和防尘网构成。

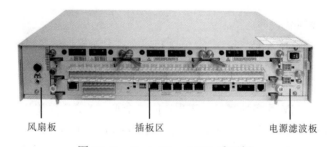

图 22-3　Optix Metro1000 后面板

风扇板（FAN）上有三个风扇为系统散热，并有检测电路，当风扇停止工作时能向系统提供告警信号。该风扇板可以带电插拔，供电部分与系统分开，可以在不影响系统工作的情况下更换风扇板。

电源滤波板(POI)提供两路 – 48 V 电源输入接口。只需要连接一路就能为电源板提供电源,就能使两个 +5 V 的电源模块实现备份功能。

插板区有 IU1、IU2、IU3、IU4 和 SCB 共五个板位,具体如图 22-4 所示。SCB 为系统控制板位,其由 X42、SCC、STG、OHP 四部分组成。X42 为交叉矩阵,可灵活进行配置,支持 16×16 VC – 4 在 VC – 12 级别的交叉功

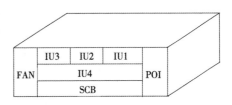

图 22-4　Optix Metro1000 单板示意图

能;SCC 为主控中心板,它与本网元的各单板通信,完成单板配置,性能、告警数据采集、倒换控制,实现主控与各单板的信息交换。同时它还提供网管接口,利用以太网口实现网元与传输网络管理;STG 为系统时钟板,它完成同步源的选择及报告时钟状况,能进行自动保护倒换及时钟记忆保持;OHP 为开销处理板,它与普通话机相连,利用开销字节实现网元之间的公务电话联络,支持各种网络,具有选址呼叫、群呼、会议电话等功能。

而 IU1、IU2、IU3 和 IU4 四个板位可供插入各种业务接口板,其支持的业务接口板见表 22-1。其中 IU1、IU2、IU3 可插入 OI2S、OI2D、OI4 三类光接口板,SP1S、SP1D、SP2D 三类电接口板和 ET1D 一类以太网业务接口板,IU4 可插入 PD2S、PD2D、PD2T 三类电接口板和 ET1、ET1O、EF1 三类以太网业务接口板。

表 22-1　Optix Metro1000 单板资源配置

单板名称	单板全称	可插板位	接口类型
OI2S	1 路 STM-1 光接口板	IU1、IU2、IU3	Ie-1、S-1.1、L-1.1、L-1.2,SC/PC
OI2D	2 路 STM-1 光接口板	IU1、IU2、IU3	Ie-1、S-1.1、L-1.1、L-1.2,SC/PC
OI4	1 路 STM-4 光接口板	IU1、IU2、IU3	Ie-4、S-4.1、L-4.1、L-4.2,SC/PC
SP1S	4 路 E1 电接口板	IU1、IU2、IU3	120Ω E1 接口
SP1D	8 路 E1 电接口板	IU1、IU2、IU3	75Ω E1 接口
SP2D	16 路 E1 电接口板	IU1、IU2、IU3	120Ω/75Ω E1 接口
PD2S	16 路 E1 电接口板	IU4	120Ω/75Ω E1 接口
PD2D	32 路 E1 电接口板	IU4	120Ω/75Ω E1 接口
PD2T	48 路 E1 电接口板	IU4	120Ω/75Ω E1 接口
SCB	系统控制板	SCB	提供 2 路外时钟输入、输出接口,与网管的接口,1 路公务电话,4 路数据接口,4 入 2 出开关量接口。 $2 \times$ STM-1/STM-4 光接口和 16E1 电接口 Ie-1、S-1.1、L-1.1、L-1.2,SC/PC Ie-4、S-4.1、L-4.1、L-4.2,SC/PC
ET1	8 路以太网业务接口板	IU4	支持以太网透明传输
ET1O	8 路以太网业务接口板	IU4	支持以太网二层交换
ET1D	2 路以太网业务接口板	IU1、IU2、IU3	支持以太网二层交换
EF1	6 路以太网业务接口板	IU4	支持以太网二层交换
FAN	风扇板	FAN	—
POI	防尘网和滤波板	POI	2 路 DC -48 V 或 DC +24 V 电源

Optix Metro1000 内部系统以交叉单元为核心，由 SDH 接口单元、PDH/以太网接口单元、交叉单元、时钟单元、主控单元、公务单元组成。Optix Metro1000 系统结构图如图 22-5 所示，各个单元所包括的单板及功能见表 22-2。

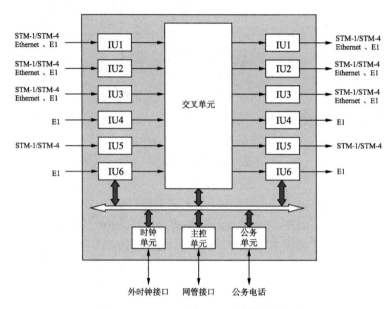

图 22-5　Optix Metro1000 系统结构图

表 22-2　各个单元所包括的单板及功能

系统单元	所包括的单板	单元功能
SDH 接口单元	OI4、OI4D、OI2D、OI2S、	接入并处理 STM-1/STM-4 光信号
PDH 接口单元	SP1S、SP1D、SP2D、PD2S、PD2D、PD2T	接入并处理 E1 信号
以太网接口单元	ET1/ET1O/ET1D/EF1/EFT	接入并处理 10BASE-T，100BASE-TX 以太网电信号
交叉单元	SCB	完成 SDH、PDH 信号之间的交叉连接；为设备提供系统时钟；提供系统与网管的接口；对 SDH 信号的开销进行处理
主控单元		
公务单元		

同时 Optix Metro1000 具备强大的接入能力，通过配置不同类型、不同数量的单板实现不同容量的业务接入，它的各种业务的最大接入能力见表 22-3。

表 22-3　Optix Metro1000 各种业务的最大接入能力

业务类型	最大接入能力
STM-4	5 路
STM-1	8 路
E1 业务	112 路
快速以太网（FE）业务	12 路

（1）STM-4 的接入容量。Optix Metro1000 最多提供 5 路 STM-4 光接口，IU1、IU2 和 IU3 都配置 OI4，SCB 板的光接口单元配置为 OI4D，如图 22-6 所示。

（2）STM-1 的接入容量。Optix Metro1000 最多提供 8 路 STM-1 光接口，IU1、IU2 和 IU3 都配置双光口板 OI2D，SCB 板的光接口单元也配置为 OI2D，如图 22-7 所示。

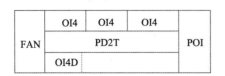

图 22-6　最多 STM-4 配置

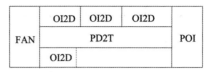

图 22-7　最多 STM-1 配置

（3）E1 的接入容量。Optix Metro1000 最多提供 112 路 E1 电接口，IU1、IU2 和 IU3 都配置为 SP2D（16 路 E1），IU4 配置为 PD2T（48 路 E1），SCB 板的电接口单元配置为 SP2D，如图 22-8 所示。

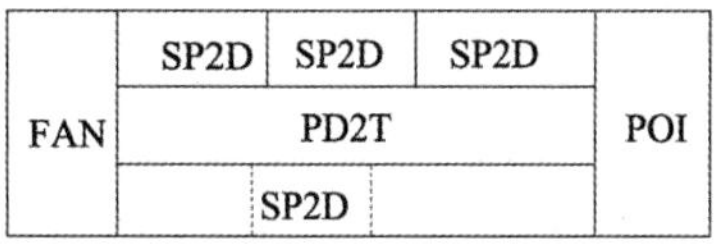

	SP2D	SP2D	SP2D	
FAN	PD2T			POI
	SP2D			

图 22-8　最多 E1 配置

2. ODF 光纤配线架

ODF（optical distribution frame）光纤配线架是专为光纤通信机房设计的光纤配线设备，具有光缆固定和保护功能、光缆终接功能、调线功能，是信息机房中不可或缺的部分。

本实验通过单模光纤在光纤配线架上实现三套 Optix Metro1000 设备连接，从而构成不同拓扑结构的光传输网。实验室光纤配线架结构如图 22-9 所示。三套设备分别用 SDH1、SDH2、SDH3 表示，1T、1R 表示各设备插板区 IU1 所用光接口板的发送和接收光接口，2T、2R 表示各设备插板区 IU2 所用光接口板的发送和接收光接口，通过不同设备的光接口收发对接就可以组成不同拓扑结构的光传输网。在光纤配线架下方的测试端则是学生桌面的光接口，用作光网络测试。

SDH1-2R	SDH1-2T	SDH1-1R	SDH1-1T	SDH2-2R	SDH2-2T	SDH2-1R	SDH2-1T	SDH3-2R	SDH3-2T	SDH3-1R	SDH3-1T
1	2	3	4	5	6	7	8	9	10	11	12
ODF 架（光配线架）											
测试 1		测试 2		测试 3		测试 4		测试 5		测试 6	
13	14	15	16	17	18	`19	20	21	22	23	24

图 22-9　实验室光纤配线架结构

五、实验过程与步骤

1. Optix Metro1000 设备的使用

根据实验原理中 Optix Metro1000 的面板，单板和容量的介绍，清楚设备的具体使用。分组观察 Optix Metro1000 插板区 IU1、IU2、IU3、IU4 具体插的什么单板，并分析其业务接入容量。

2. ODF 光纤配线架的使用

根据实验原理中 ODF 光纤配线架的介绍，试用单模光纤将 SDH1 和 SDH2 连接成点对点的光传输业务网，将 SDH1、SDH2 和 SDH3 连接成链形光传输业务网。

六、思考题

（1）Optix Metro1000 设备要满足 4 路 STM-1 光信号和 48 路 E1 信号，插板区单板如何配置？

（2）三套 Optix Metro1000 设备如要构成环形光传输网，光纤配线架如何连接？

七、实验报告

请按照实验报告的格式要求（见附录 A）撰写实验报告。

实验 二十三
SDH 光设备管理配置方法

一、实验目的

（1）掌握 Ebridge 实验平台的使用。

（2）理解 SDH 命令行的含义。

（3）掌握基于 SDH 设备网络结构和业务功能的脚本编写。

二、实验设备

（1）Optix Metro1000 三套。

（2）Ebridge 服务器一台。

（3）交换机一台。

（4）ODF 架一组。

（5）单模光纤数根。

（6）操作维护计算机终端若干台。

三、实验内容

（1）用 Ebridge 实验平台对 Optix Metro1000 进行管理配置。

（2）用 SDH 命令行编写 Optix Metro1000 脚本命令行。

四、实验原理

1. Ebridge 实验平台简介

随着 Optix SDH 系列传输设备的广泛应用，熟练掌握其产品的常用命令行和命令行的批处理文件，会给我们的开局调试、日常维护带来很大的方便。命令行是通过逐行输入命令及参数实现对网元操作的，这些命令是由英文字符和数字构成的，命令执行完成后返回的信息也全是英文字符和数字。本实验系统中，以命令行软件作为主要的应用软件使用，在此对命令行软件 Ebridge 进行重点介绍。

Ebridge 软件是深圳讯方通信技术有限公司根据大学教学需要而开发的命令行软件，采用客户端/服务器工作方式，完全兼容深圳华为技术有限公司的 NAVIGATOR 命令行软件。该命令行软件提供命令行管理、操作网元的输入环境，除此主要功能之外，命令行软件还可以向网元 SCC 板下发主控软件，向 ASP、PD1 等单板下发单板软件。

图 23-1 所描述的是本实验平台中各终端是如何与光传输平台的所有三台 SDH 设备进行通信的。首先所有的光传输设备以及所有的学生实验终端和 Ebridge 平台服务器均通过网线连接到同一个实验室交换机上，这样只要连接的所有设备终端配置同一个 IP 网段地址就可以相互通信。在实验的时候，各个学生终端并不直接与各个 SDH 设备通信，而是先登录到 Ebridge 平台服务器上，由 Ebridge 平台服务器给所有的学生终端统一安排实验时间，这样可保证实验的顺利进行。

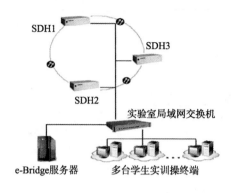

图 23-1　光传输实验平台

2．SDH 命令行的使用

在 Ebridge 平台中导入 SDH 设备中的是各种命令行语句，由设备自行翻译实现相应的功能。读者需要对这些命令行语句有一定的了解才能进行下一步的学习。下面将把大部分主要的命令行语句在这里分类进行介绍：

1）命令格式

命令一般由三部分组成，即模块名 – 操作动作 – 操作对象。其中模块名有 um（用户管理）、cfg（配置类）、alm（告警类）、per（性能类）、ecc（ECC 类）、dbms（数据库类）、sys（系统类）等几种；操作动作有 get、create、set、del、cancel 等；操作对象则依据模块的不同而有很多形式。

（1）格式：[#neid]:command[:[<aid>]:[para_block:]...[:para_block]];

说明：[ ]里的内容可以省略

neid：命令执行的网元 ID；

command：命令；

aid：命令接入点标识，目前只限于配置命令需要的逻辑系统，不需要逻辑系统号的命令此项省略，但后面的冒号不可省略；

para_block：参数块，含有一个或多个参数赋值。

（2）分隔符说明：

命令开始："."（冒号）；

命令结束：";"　（分号）；

参数块分隔符：":"　（冒号）；

参数间分隔符：","　（逗号）；

名字定义型参数名和参数值间分隔符："="（等号）；

命令执行（又称命令接入）点分隔符：开始符 "<"，结束符 ">"（命令执行点目前仅有配置类命令使用，一般为逻辑系统号）。

注意：以上的分隔符应全部采用英文（半角）标点，不能采用中文（全角）标点，否则将导致命令下发失败。

（3）数组的重复输入：数组的重复输入利用信息组合符 "&" 和 "&&" 构成，格式如下：

item1&item2：表示 item1 和 item2；

item1&&item2：表示 item1 到 item2；

&和&&可以组合，例如 1&3&&5 可以表示 1、3、4、5；1&&3&5&&7 可以表示 1、2、5、6、7。

（4）命令名字：一般由三部分组成，即模块名 – 操作动作 – 操作对象。

典型举例：

登录 ID 为 1 的网元：#1:login:1,"nesoft"；

查询当前网元上所有单板的当前告警：:alm-get-curdata:0,0。

（5）查询各个命令的使用。每一个命令很可能带有很多的参数，4.0 版主控也提供了各个命令如何使用的在线帮助，只要在命令（不带参数）的后面加上 "/?"，就可查询到该命令的具体使用信息，如:cfg-set-ohppara/?。

注释和屏蔽：对于以两个反斜杠 "//" 开头的所有文字，命令行软件不下发给网元，作为解释说明。

2）Optix Metro1000 命令行的基本书写规范

（1）登录网元（以网元 ID 为 1 为例）：

#1:login:"szhw","nesoft";　　//登录 ID 为 1 的网元，账号为 szhw，密码为 nesoft。

注意：本实验室的设备 ID 已经提前分配完成，分别为 1、2、3，账号和密码都是一样的。

（2）初始化网元设备：

:cfg-init-all;　　　　　　　//在做新的配置前，需要对网元进行初始化操作，清除网元所有数据。

（3）设置网元整体参数：

:cfg-set-devicetype:OptiXM1000V300,subrackI;//配置网元设备基本属性，硬件型号为
　　　　　　　　　　　　　　　　　　　　　　//OptiXM1000V300,子架类型为 subrackI。

（4）设置网元名称：

:cfg-set-nename:64,"SDH1";　　　　//定义设备名称是 64B 长度的字符串，名为 SDH1。

（5）添加网元逻辑板位：

:cfg-add-board:1&&2,oi4:4,pd2d;　　//根据各种设备的实际单板槽位配置设备的硬件单
　　　　　　　　　　　　　　　　　　//板，数字是槽位号，后面紧跟单板型号，比如本例中
　　　　　　　　　　　　　　　　　　//1 和 2 槽位是 OI4 板、4 槽位是 PD2D 板等。

（6）设置公务电话和会议电话参数：

:cfg-set-telnum:14,1,101;　　　　//14 为公务板槽位号，1 为公务电话个数，配置公
　　　　　　　　　　　　　　　　　//务电话号码为 101。

:cfg-set-meetnum:14,999;　　　　//14 为公务板槽位号，配置会议电话号码为 999。

:cfg-set-lineused:14,1,1,used;　　//14 为公务板槽位号，配置允许公务电话通话的光
　　　　　　　　　　　　　　　　　//口，1 槽 1 光口可用。

:cfg-set-meetlineused:14,1,1,used;　//配置允许会议电话通话的光口，1 槽 1 光口可用。

注意：会议电话使用时，网元间的光口如果是环状将无法正常通话。

（7）设置网元时钟参数：

:cfg-set-synclass:13,2,0x0101,0xf101;　//配置时钟源，2 个时钟源，0x0101 代表跟踪 1
　　　　　　　　　　　　　　　　　　　//槽 1 光口时钟，0xf101 代表内部时钟，13 为
　　　　　　　　　　　　　　　　　　　//交叉时钟板槽位号，其中第一个为首选时钟源，
　　　　　　　　　　　　　　　　　　　//第二个为次选时钟。

（8）配置交叉业务：

```
:cfg-add-xc:0,1,1,1,1&&2,4,1&&2,0,0,vc12;    //配置交叉业务，从 1 槽 1 光口 1#VC4
                                             //的 1 和 2 时隙交叉到 4 槽 1 和 2 支路
                                             //2M，交叉级别是 VC12，命令中第一个
                                             //数字固定 0 即可；
:cfg-add-xc:0,4,1&&2,0,0,1,1,1,1&&2,vc12;    //配置交叉业务，从 4 槽 1 和 2 支路 2M
                                             //交叉到 1 槽 1 光口 1#VC4 的 1 和 2 时
                                             //隙，交叉级别是 VC12。
```

（9）配置校验下发：

```
:cfg-checkout;     //校验下发必须要做，相当于把硬件和配置互相比较。校验完成，设备开始工
                   //作。
```

（10）查询网元状态：

```
:cfg-get-nestate;    //查询网元工作状态。
```

（11）安全退出：

```
:logout;
```

下面所有实验中的脚本都在上述命令行中出现，只是参数存在变化。当了解了上述命令行的含义并结合各种实验的组网及业务实现方法，读者将可对光传输设备的使用认识上提高到新的层次。

五、实验过程与步骤

1．Ebridge 平台的操作步骤

下面是进行各种实验时 Ebridge 平台操作的一般步骤（在实验前，教师需要在 Ebridge 服务器启动各台传输设备的验证模式）：

（1）在 Windows XP（或 Windows 2007）中启动 Ebridge_Client 客户端软件，可以通过双击屏幕上的 Ebridge_Client 的快捷图标 ，或在"资源管理器"中双击 Ebridge_Client 程序来启动 Ebridge 软件，成功启动 Ebridge 软件后，出现如图 23-2 所示的对话框。

（2）在这里输入 Ebridge 服务器的 IP 地址 129.9.0.100，单击"确定"按钮，进入图 23-3 所示界面。

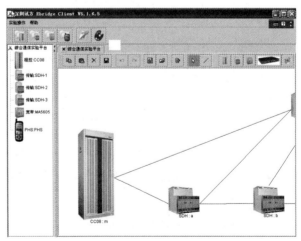

图 23-2　Ebridge Client 服务端信息设置　　　　图 23-3　Ebridge Client 主界面

对话框

（3）Ebridge 软件程序启动后，会出来很多台传输设备，选择一个需要操作的设备并单击它，在弹出的登录窗口中填写用户名 szhw 和密码 nesoft，如图 23-4 所示。

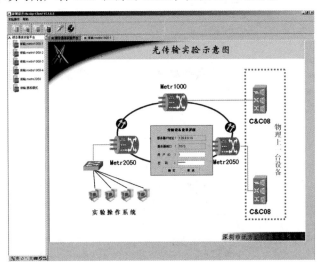

图 23-4　传输设备登录界面

（4）用户名和密码正确输入后，单击"申请席位"按钮将出现"申请席位成功""占用席位成功"等一系列提示窗口，连续单击"确定"按钮进入操作界面，如图 23-5 所示。在 SERVER 服务器端会对登录操作请求自动进行排队，分配上机时间。此时，在主界面的右上角将出现本操作人员登录设备后的剩余操作时间。在本软件中已经可以直接对网元设备进行数据操作了。

图 23-5　申请席位成功后的 Ebridge Client 主界面

（5）当学生终端占用操作席位后，即可输入命令行（前提是输入对应设备 ID，如可在命令行输入：#1:login:"szhw","nesoft"）。可以单条执行，也可以执行批处理。单条执行时，可以在图 23-5 中的"命令输入窗口"内输入命令，按【Enter】键执行命令即可。

（6）采用批处理命令执行时，单击主界面右下角"导入文本文件"按钮，在弹出的窗口中选择事先完成的命令行脚本文件，如图 23-6 所示，然后单击"打开"按钮即可。

图 23-6　打开导入文本文件界面

（7）选择好文件之后，在下面的窗口内就会出现脚本里的命令行数据，在批处理窗口内可以对脚本内容进行修改，成为适合实验内容的命令行，此时单击主界面左下角的"批处理"按钮，软件就自动顺序执行窗口中所有的命令行数据。也可以双击所要选中的指令，这样指令就会进入输入窗口，按【Enter】键逐条执行，如图 23-7 所示。以上配置完成后，如果确认物理链路连接无误就可以对数据进行验证了。

图 23-7　批处理执行命令行界面

2．编写 Optix Metro1000 脚本命令行

针对 SDH2 用 1 号槽位（即 IU1）1 号光口实现业务，编写 SDH2 的脚本命令行。

六、思考题

（1）在 Ebridge 实验平台批处理运行 SDH 设备脚本命令行时，出现故障如何判断？

（2）如果 SDH3 用 2 号槽位（即 IU2）1 号光口实现业务，请写出交叉业务脚本命令行？

七、实验报告

请按照实验报告的格式要求（见附录 A）撰写实验报告。

实验 二十四

SDH 光传输点对点组网配置实验

一、实验目的

（1）熟悉点对点组网结构的 2M 业务传输。

（2）掌握在点对点组网方式时 SDH 设备的脚本编写。

（3）掌握 2M 业务传输中的误码测量。

二、实验设备

（1）Optix Metro1000 两套。

（2）Ebridge 服务器一台。

（3）交换机一台。

（4）ODF 架一组。

（5）DDF 架一组。

（6）单模光纤数根。

（7）2M 线数根。

（8）操作维护计算机终端若干台。

（9）2M 误码仪一台。

三、实验内容

（1）通过 ODF 架将两台 Optix Metro1000 连接成点对点结构。

（2）根据实验业务的要求编写两台 Optix Metro1000 脚本命令行，并在 Ebridge 平台上运行。

（3）利用 2M 误码仪在 DDF 架上测试业务的连通性。

四、实验原理

本实验以实验二十二和实验二十三为基础，相同部分的实验原理参见前面两个实验，此处不再赘述。

DDF（digital distribution frame，数字配线架）又称高频配线架，其结构图如图 24-1 所示。它能使数字通信设备的数字码流的连接成为一个整体，速率 2 ~ 155 Mbit/s 信号的输入、输出都可终接在 DDF 架上，这为配线、调线、转接、扩容都带来很大的灵活性和方便性。

DDF 架	CC&08	1R 1T	2R 2T	3R 3T	4R 4T	5R 5T	6R 6T	7R 7T	8R 8T
	SDH1	1R 1T	2R 2T	3R 3T	4R 4T	5R 5T	6R 6T	7R 7T	8R 8T
	SDH2	1R 1T	2R 2T	3R 3T	4R 4T	5R 5T	6R 6T	7R 7T	8R 8T
	SDH3	1R 1T	2R 2T	3R 3T	4R 4T	5R 5T	6R 6T	7R 7T	8R 8T
	测试	测试 1	测试 2	测试 3	测试 4	测试 5	测试 6	测试 7	测试 8

图 24-1 数字配线架结构图

本实验室的 DDF 架其主要功能为实现 2M 业务信号的接入和测试。DDF 架提供了程控交换机 CC&08，三台 SDH 设备以及学生桌面测试端的 2M 信号接入。其每一排共可接入八个 2M 信号，分别用 1R，1T 到 8R，8T 表示，如图 24-1 所示。并且三台 SDH 设备所组成不同拓扑结构的光传输网还可以在 DDF 架上用 2M 线连接构成自环回路，通过 2M 误码仪进行业务数据的验证。

五、实验过程与步骤

通过本实验，了解 2M 业务在点对点组网方式（见图 24-2）时候的配置，要求在 SDH1 的 PD2D 支路板第 1~4 个支路和 SDH2 的 PD2D 支路板第 1~4 个支路之间有 2M 业务连通。

1．SDH 设备的点对点物理连接

采用点对点组网方式时，需要两套 SDH 设备实现连接。如图 24-3 所示，利用光纤将 SDH1 插板区 IU2 上的 OI4 板和 SDH2 插板区 IU1 上的 OI4 板进行收发对连，从而实现 SDH 设备之间的连接。

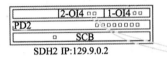

SDH2 IP:129.9.0.2

图 24-2 点对点组网方式

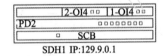

SDH1 IP:129.9.0.1

图 24-3 SDH 设备间光纤实际连接图

其中 SDH 设备间光纤的连接是通过 ODF 架来实现的，其连接示意图如图 24-4 所示。将 ODF 架上的 SDH1-1T 和 SDH2-2R 对连，SDH1-1R 和 SDH2-2T 对连，就能构成点对点的光传输网络。

SDH1-2R	SDH1-2T	SDH1-1R	SDH1-1T	SDH2-2R	SDH2-2T	SDH2-1R	SDH2-1T	SDH3-2R	SDH3-2T	SDH3-1R	SDH3-1T
1	2	3	4	5	6	7	8	9	10	11	12
					ODF 架						
测试 1		测试 2		测试 3		测试 4		测试 5		测试 6	
13	14	15	16	17	18	`19	20	21	22	23	24

图 24-4 ODF 架连接示意图

2．编写 SDH 设备脚本命令行

按照业务的要求准备好配置数据脚本（需要自己编写脚本命令行）。将 SDH1 配置的脚本命令行编辑成一个文本文件，如"点到点 SDH1.txt"；将 SDH2 配置的脚本命令行编辑成一个文本

文件，如"点到点 SDH2.txt"。

数据准备完成后通过 Ebridge 平台登录到 SDH1、SDH2，分别导入各自的脚本文件对 SDH 进行配置。（注意：教师先启动 Ebridge 服务器的验证模式。）

3. 点对点 2M 业务的数据验证

以上配置完成后就可以验证 2M 业务是否可以在两台 SDH 设备间实现有效传输。

1）将程控设备连接进传输网络进行验证

此种验证方式主要是通过将调试好的程控设备接入传输网络进行验证，程控交换机必须配置好出局数据，并且直接在 DDF 架上环回相应的 2M 业务。这时，通过将程控交换机的一个 2M 系统连接至传输的一个网元，此处比如连接至 SDH1 的 PD2D 板的第一个 2M，然后将程控交换机的另一个 2M 系统连接至 SDH2 的 PD2D 板的第一个 2M。若此时验证程控的出局业务正常，则证明传输业务配置正确。

2）误码测试

误码测试通过两台 SDH 设备构成自环回路来实现，连接示意图如图 24-5 所示。误码仪发送端（T）发出的二进制 HDB3 码送入 SDH1 的 PD2D 板，经过电光转换由 SDH1 发送给 SDH2。SDH2 收到此光信号后再进行光电转换，经其 PD2D 板自环又转换为光信号发送给 SDH1。SDH1 再经过 PD2D 板将还原的电信号发送给误码仪的接收端（R）。此时，比较发送和接收的二进制编码就可以确定其误码率了。

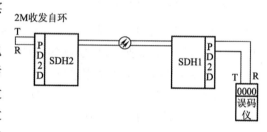

图 24-5　误码测试连接示意图

当在学生桌面测试端进行误码测试时，DDF 架上 2M 线连接示意图如图 24-6 所示。图 24-6 是以学生终端编号 1 号为例，根据连接示意图找到对应的 2M 口。比如本实验中应该在 SDH2 的第一个 2M 进行自环，然后把 SDH1 的第一个 2M 跳接到学生桌面的测试 1 端，用误码仪的 2M 信号进行误码测试，业务正常情况下，5 min 内误码应为 0。

DDF架	CC&08	1R 1T	2R 2T	3R 3T	4R 4T	5R 5T	6R 6T	7R 7T	8R 8T
	SDH1	1R 1T	2R 2T	3R 3T	4R 4T	5R 5T	6R 6T	7R 7T	8R 8T
	SDH2	1R 1T	2R 2T	3R 3T	4R 4T	5R 5T	6R 6T	7R 7T	8R 8T
	SDH3	1R 1T	2R 2T	3R 3T	4R 4T	5R 5T	6R 6T	7R 7T	8R 8T
	测试	测试1	测试2	测试3	测试4	测试5	测试6	测试7	测试8

图 24-6　DDF 架上 2M 线连接示意图

六、思考题

（1）仔细阅读实验指导书，画出实验脚本配置流程图。

（2）如果要在 SDH2 和 SDH3 两台设备间实现 2M 业务的光传输，请问点对点物理如何连接？请写出其 SDH 设备脚本命令行？

七、实验报告

请按照实验报告的格式要求（见附录 A）撰写实验报告。

实验 二十五

SDH 链型组网配置实验

一、实验目的

（1）熟悉链型组网结构的 2M 业务传输。

（2）掌握在链型组网方式时 SDH 设备的脚本编写。

二、实验设备

（1）Optix Metro1000 三套。

（2）Ebridge 服务器一台。

（3）交换机一台。

（4）ODF 架一组。

（5）DDF 架一组。

（6）单模光纤数根。

（7）2M 线数根。

（8）操作维护计算机终端若干台。

（9）2M 误码仪一台。

三、实验内容

（1）通过 ODF 架将三台 Optix Metro1000 连接成链型结构。

（2）根据实验业务的要求编写三台 Optix Metro1000 脚本命令行，并在 Ebridge 平台上运行。

（3）利用 2M 误码仪在 DDF 架上测试业务的连通性。

四、实验原理

1．SDH 光传输网的网络单元

SDH 光传输网由各种基本网络单元构成，网络单元的基本类型有终端复用器（TM）、分叉复用器（ADM）、同步数字交叉连接设备（SDXC）等。

终端复用器（TM）是 SDH 光传输网中最重要的网络单元之一，如图 25-1 所示。主要作用是将若干个 PDH 信号即 D1~D4 复用映射成为 STM-1 帧结构电（或光）信号，或者把若干个低阶 STM-M 信号转换成为高阶 STM-N 信号输出。

分叉复用器（ADM）是 SDH 光传输网中用途很广泛的基本网络单元，如图 25-2 所示。它具

有很强的灵活性，可以识别信号中分接的低速信号实现若干个 PDH 信号，即 D1~D4 的接入和分离接收，同时可以完成对 STM-N 信号的转发。

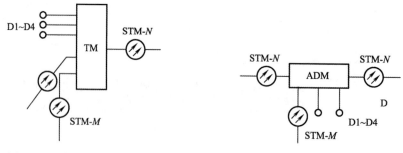

图 25-1　终端复用器（TM）　　　　图 25-2　分叉复用器（ADM）

同步数字交叉连接设备（SDXC）是 SDH 设备或网络中的数字交叉连接设备，如图 25-3 所示。它是为了帮助 SDH 设备内各条 STM-N 和 STM-M 支路和群路的交叉连接，并且有复用、解复用、光电互转、监控和电路资源管理等功能。

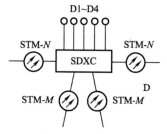

图 25-3　同步数字交叉连接设备（SDXC）

2．SDH 光传输网的主要拓扑结构类型

将基本网络单元设备互通连接可以构成不同的拓扑结构。SDH 的主要网络拓扑结构有链型、环型和网孔型等。

1）链型

链型结构网元结点串联起来，首尾两端开放，两端点称为终端结点，采用终端复用器（TM），中间结点称为插分点，采用分插复用器（ADM），如图 25-4 所示。这种拓扑的特点是比较经济实用，但是无法应付结点和链路失效，生存性比较差，在 SDH 早期运用比较多。这种结构也是本实验要验证的。

图 25-4　链型拓扑结构

2）环型

环型结构网元结点串联起来首尾闭合，每一结点都采用分插复用器（ADM），如图 25-5 所示。环型结构具有业务自愈能力，是应用最多的组网方式，常用于 LAN、局间中继网、中继网和本地网。

3）网孔型

网孔型结构网元结点两两相连形成网孔形网，如图 25-6 所示。这种网络结构十分可靠，但是由于复杂的线路增加了线路构造的花费，系统的冗余度高。由于其十分牢靠，这种网络结构常在长途网中应用。

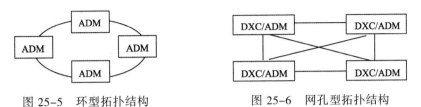

图 25-5 环型拓扑结构　　　　图 25-6 网孔型拓扑结构

3. 链型组网所涉及的 Optix Metro1000 脚本命令行

中间结点实现终端结点信号转发所配置的穿通业务命令行如下：

```
:cfg-add-xc:0,1,1,1,1&&2,2,1,1,1&&2,vc12;    //从1槽1光口1#VC4的1和2时隙穿通
                                             //到2槽1光口1#VC4的1和2时隙，
                                             //交叉级别是VC12。
:cfg-add-xc:0,2,1,1,1&&2,1,1,1,1&&2,vc12;    //从2槽1光口1#VC4的1和2时隙交叉
                                             //到1槽1光口1#VC4的1和2时隙，交
                                             //叉级别是VC12。
```

五、实验过程与步骤

1. SDH 设备的链型物理连接

三台 Optix Metro1000 设备通过 ODF 架连接成链型结构，如图 25-7 所示。通过本实验了解 2M 业务在链型组网方式时候的配置，要求在 SDH1 的 PD2D 支路板第一、二个支路和 SDH2 的 PD2D 支路板第一、二个支路之间有 2M 业务连通，在 SDH1 的 PD2D 支路板第三、四个支路和 SDH3 的 PD2D 支路板第一、二个支路之间有 2M 业务连通。SDH 设备间光纤实际连接图如图 25-8 所示。

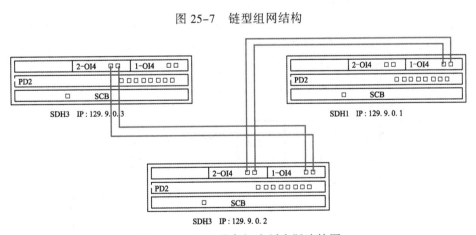

图 25-7 链型组网结构

图 25-8 SDH 设备间光纤实际连接图

其中，SDH 设备间光纤的连接是通过 ODF 架来实现的，如图 25-9 所示。将 ODF 架上的 SDH1-1T 和 SDH2-2R 对连，SDH1-1R 和 SDH2-2T 对连，ODF 架上的 SDH2-1T 和 SDH3-2R 对

连，SDH2-1R 和 SDH3-2T 对连，就能构成链型的光传输网络。

SDH1-2R	SDH1-2T	SDH1-1R	SDH1-1T	SDH2-2R	SDH2-2T	SDH2-1R	SDH2-1T	SDH3-2R	SDH3-2T	SDH3-1R	SDH3-1T
1	2	●	●	●	●	●	●	●	●	11	12
ODF 架											
测试 1		测试 2		测试 3		测试 4		测试 5		测试 6	
13	14	15	16	17	18	`19	20	21	22	23	24

图 25-9　ODF 光纤配线架连接示意图

2．编写 SDH 设备脚本命令行

按照业务的要求准备好配置数据脚本（需要自己编写脚本命令行）。将 SDH1 配置的脚本命令行编辑成一个文本文件，如"链型 SDH1.txt"；将 SDH2 配置的脚本命令行编辑成一个文本文件，如"链型 SDH2.txt"；再将 SDH3 配置的脚本命令行编辑成一个文本文件，如"链型 SDH3.txt"。

数据准备完成后通过 Ebridge 平台登录到 SDH1、SDH2、SDH3，分别导入各自的脚本文件对 SDH 进行配置。（注意：教师先启动 Ebridge 服务器的验证模式。）

3．链型网络 2M 业务的数据验证

以上配置完成后就可以验证 2M 业务是否可以在三台 SDH 设备间实现有效传输。

1）将程控设备连接进传输网络进行验证

此种验证方式主要是通过将调试好的程控设备接入传输网络进行验证，程控交换机必须配置好出局数据，并且直接在 DDF 架上环回相应的 2M 业务。这时，通过将程控交换机的一个 2M 系统连接至传输的一个网元，此处比如连接至 SDH1 的 PD2D 板的第一个 2M，然后将程控交换机的另一个 2M 系统连接至 SDH3 的 PD2D 板的第一个 2M。若此时验证程控的出局业务正常，则证明传输业务配置正确。

2）误码测试

误码测试通过三台 SDH 设备构成自环回路来实现，连接示意图如图 25-10 所示。误码仪发送端（T）发出的二进制 HDB3 码送入 SDH1 的 PD2D 板，经过电光转换由 SDH1 通过 SDH2 发送给 SDH3。SDH3 收到此光信号后再进行光电转换，经其 PD2D 板自环又转换为光信号由 SDH3 通过 SDH2 发送给 SDH1。SDH1 再经过 PD2D 板将还原的电信号发送给误码仪的接收端（R）。此时，比较发送和接收的二进制编码就可以确定其误码率了。

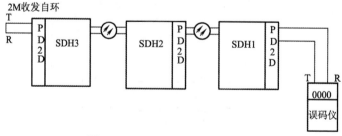

图 25-10　误码测试连接示意图

当在学生桌面测试端进行误码测试时，DDF 架上 2M 线连接示意图如图 25-11 所示。图 25-11 是以学生终端编号 1 号为例，根据连接示意图找到对应的 2M 口。比如本实验中应该在 SDH3（或

者 SDH2）的第一个 2M 进行自环，然后把 SDH1 的第一个 2M 跳接到学生桌面的测试 1 端，用误码仪的 2M 信号进行误码测试，业务正常情况下，5 min 内误码应为 0。

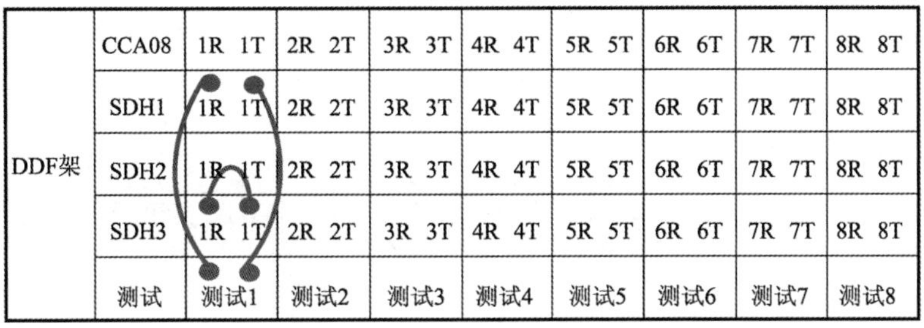

DDF架	CCA08	1R 1T	2R 2T	3R 3T	4R 4T	5R 5T	6R 6T	7R 7T	8R 8T
	SDH1	1R 1T	2R 2T	3R 3T	4R 4T	5R 5T	6R 6T	7R 7T	8R 8T
	SDH2	1R 1T	2R 2T	3R 3T	4R 4T	5R 5T	6R 6T	7R 7T	8R 8T
	SDH3	1R 1T	2R 2T	3R 3T	4R 4T	5R 5T	6R 6T	7R 7T	8R 8T
	测试	测试1	测试2	测试3	测试4	测试5	测试6	测试7	测试8

图 25-11　DDF 架上 2M 线连接示意图

六、思考题

如果链型网络要在 SDH1 和 SDH3，SDH2 和 SDH3 两两设备间实现 2M 业务的光传输，请问如何修改其 SDH 设备脚本命令行？

七、实验报告

请按照实验报告的格式要求（见附录 A）撰写实验报告。

实验 二十六

SDH 环形组网（通道环）配置实验

一、实验目的

（1）熟悉环形组网（通道环）的 2M 业务传输。

（2）掌握在通道环组网方式时 SDH 设备的脚本编写。

二、实验设备

（1）Optix Metro1000 三套。

（2）Ebridge 服务器一台。

（3）交换机一台。

（4）ODF 架一组。

（5）DDF 架一组。

（6）单模光纤数根。

（7）2M 线数根。

（8）操作维护计算机终端若干台。

（9）2M 误码仪一台。

三、实验内容

（1）通过 ODF 架将三台 Optix Metro1000 连接成环形结构。

（2）根据实验业务的要求编写三台 Optix Metro1000 脚本命令行，并在 Ebridge 平台上运行。

（3）利用 2M 误码仪在 DDF 架上测试业务的连通性。

四、实验原理

1．SDH 网络的自愈机制

SDH 网络的自愈机制就是网络在出现意外故障时能够在极短时间内无需人为干涉自动恢复所携带业务，即网络具备发现替代传输路由并重新确立通信的能力。

SDH 传输网络中为了保护传送的业务信号，可以采取多种不同的方法。实际应用中，使用环形网络拓扑结构来保护业务的方法用得最多，因为环形网络具有良好的自愈功能。自愈环可以从不同的角度进行分类，主要有按保护的业务等级、按环上业务传送的方向及按使用的光纤数量三个方面进行分类。按保护的业务等级分，自愈环可分为通道保护环及复用段保护环；按环上业务传送的方向分，可以分为单向环及双向环；按网元结点间光纤数可分为二纤环和四纤环。这些不同的分类通过组合可以得到二纤单向通道保护环、二纤双向通道保护环、二纤单向复用段保护环、二纤双向复用段保护环、四纤双向复用段保护环等不同的保护方式。实际网络应用中，基本上只用到二纤单向通道保护环及二纤单向复用段保护环两种。

2. 二纤单向通道保护环工作原理

二纤单向通道保护环由两根光纤组成两个环，其中一个为主环 S1，有时称为业务环；一个为备环 P1，有时称为保护环。两环的业务流向一定要相反，通道保护环的保护功能是通过网元支路板的"双发选收"功能来实现的，也就是支路板将支路上环业务"双发"到主环 S1、备环 P1 上，两环上业务完全一样且流向相反，平时网元支路板"选收"主环下支路的业务，如图 26-1（a）所示。

若环网中网元 A 与网元 C 互通业务，网元 A 和网元 C 都将上环的支路业务"双发"到环 S1 和 P1 上，S1 和 P1 上的所传业务相同且流向相反（S1 为顺时针，P1 为逆时针）。在网络正常时，网元 A 和网元 C 都选收主环 S1 上的业务，那么网元 A 与网元 C 业务互通的方式是 A 到网元 C 的业务经过网元 B 穿通，由 S1 光纤传到网元 C（主环业务）；由 P1 光纤经过网元 D 穿通传到网元 C（备环业务）。在网元 C 支路板"选收"主环 S1 上的 A→网元 C 业务，完成网元 A 到网元 C 的业务传输。网元 C 到网元 A 的业务传输与此类似。

当网元 BC 光缆段的光纤同时被切断，注意此时网元支路板的双发功能没有改变，也就是此时 S1 环和 P1 环上的业务还是一样的，如图 26-1（b）所示。网元 A 到网元 C 的业务由网元 A 的支路板双发到 S1 和 P1 光纤上，由于 B-C 间光纤中断，光纤 S1 上的业务无法传到网元 C，通过网元 C 的支路板进行通道保护倒换选收备环 P1 上的业务，此时网元 A 到网元 C 的业务不会中断。

而网元 C 的支路板到网元 A 的业务双发到 S1 环和 P1 环上，其中 S1 环上的 C 到 A 业务经网元 D 穿通传到网元 A，P1 环上的 C 到 A 业务经网元 B 穿通传到网元 A。由于 B-C 间光纤中断，此时 P1 环上的 C→A 的业务传不过来，但因为网元 A 默认是选收主环 S1 上的业务，所以网元 C 到网元 A 业务不受影响。

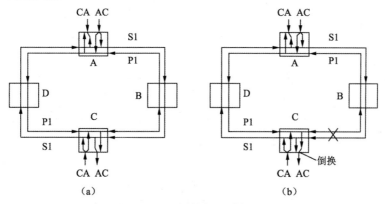

图 26-1 二纤单向通道保护环

3. 环形组网（通道环）所涉及的 Optix Metro1000 脚本命令行

1）配置子网保护

```
:cfg-add-sncppg:1&&4,rvt;     //增加子网连接保护组，四个保护组 1 至 4,rvt 代表可恢复式。
```

2）创建双发选收业务

```
:cfg-add-xc:0,4,1&&4,0,0,1,1,1,1&&4,vc12;     //配置支路业务，从 4 槽 1 到 4 支路 2M
```

<table>
<tr><td></td><td>//交叉到1槽1光口1#VC4的1到4时
//隙，交叉级别是VC12；</td></tr>
</table>

```
:cfg-add-xc:0,4,1&&4,0,0,2,1,1,1&&4,vc12;
```
//配置支路业务，从4槽1到4支路2M
//交叉到2槽1光口1#VC4的1到4时
//隙，交叉级别是VC12；

```
:cfg-set-sncpbdmap:1&&4,work,1,1,1,1&&4,4,1&&4,0,0,vc12;
```
//配置子网连接保护的工作业务，4条业
//务，对应保护组号1至4，从1槽1光
//口1#VC4的1到4时隙交叉到4槽1
//到4支路2M，WORK是工作业务；

```
:cfg-set-sncpbdmap:1&&4,backup,2,1,1,1&&4,4,1&&4,0,0,vc12;
```
//配置子网连接保护的保护业务，4条业
//务，对应保护组号1至4，从2槽1光
//口1#VC4的1到4时隙交叉到4槽1
//到4支路2M，BACKUP是保护业务。

上述4条数据构成子网保护业务的双发选收实现通道环的保护功能，正常工作时只有工作业务生效，当工作业务通道中断后，保护业务倒换成为工作业务。

五、实验过程和步骤

1. 连成环形结构

三台Optix Metro1000设备通过ODF架连接成环形结构，如图26-2所示。通过本实验了解2M业务在环形组网（通道环）方式时候的配置，要求在SDH1的PD2D支路板第一、二个支路和SDH2的PD2D支路板第一、二个支路之间有2M业务连通，在SDH1的PD2D支路板第三、四个支路和SDH3的PD2D支路板第一、二个支路之间有2M业务连通，同时断开三个点间某一段光纤不会影响正在使用的业务，SDH设备间光纤实际连接图如图26-3所示。

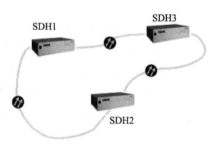

图26-2　环形组网结构

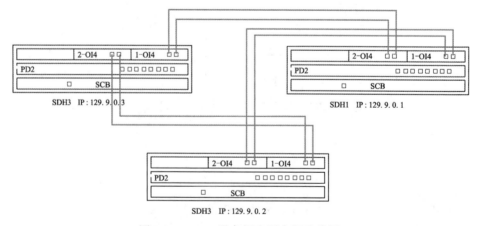

图26-3　SDH设备间光纤实际连接图

其中SDH设备间光纤的连接是通过ODF架来实现的，如图26-4所示。将ODF架上的SDH1-1T和SDH2-1R对连，SDH1-1R和SDH2-2T对连，SDH2-1T和SDH3-2R对连，SDH2-1R和SDH3-2T

对连，SDH1-2T 和 SDH3-1R 对连，SDH1-2R 和 SDH3-1T 对连，就能构成环形的传输网络。

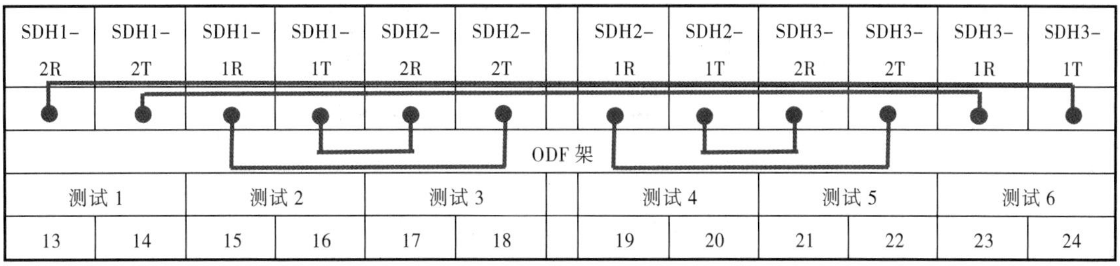

SDH1-2R	SDH1-2T	SDH1-1R	SDH1-1T	SDH2-2R	SDH2-2T	SDH2-1R	SDH2-1T	SDH3-2R	SDH3-2T	SDH3-1R	SDH3-1T
						ODF 架					
测试 1		测试 2		测试 3		测试 4		测试 5		测试 6	
13	14	15	16	17	18	19	20	21	22	23	24

图 26-4　ODF 光纤配线架连接示意图

2. 编写 SDH 设备脚本命令行

按照业务的要求准备好配置数据脚本（需要自己编写脚本命令行）。将 SDH1 配置的脚本命令行编辑成一个文本文件，如"通道环 SDH1.txt"；将 SDH2 配置的脚本命令行编辑成一个文本文件，如"通道环 SDH2.txt"；再将 SDH3 配置的脚本命令行编辑成一个文本文件，如"通道环 SDH3.txt"。

数据准备完成后通过 Ebridge 平台登录到 SDH1、SDH2、SDH3，分别导入各自的脚本文件对 SDH 进行配置。（注意：教师先启动 Ebridge 服务器的验证模式。）

3. 环型网络 2M 业务的数据验证

以上配置完成后就可以验证 2M 业务是否可以在三台 SDH 设备间实现有效传输。

1）将程控设备连接进传输网络进行验证

此种验证方式主要是通过将调试好的程控设备接入传输网络进行验证，程控交换机必须配置好出局数据，并且直接在 DDF 架上环回相应的 2M 业务。这时，通过将程控交换机的一个 2M 系统连接至传输的一个网元，此处比如连接至 SDH1 的 PD2D 板的第一个 2M，然后将程控交换机的另一个 2M 系统连接至 SDH3 的 PD2D 板的第一个 2M。若此时验证程控的出局业务正常则证明传输业务配置正确。

2）误码测试

误码测试通过三台 SDH 设备构成自环回路来实现，连接示意图如图 26-5 所示。误码仪发送端（T）发出的二进制 HDB3 码送入 SDH1 的 PD2D 板，经过电光转换由 SDH1 通过 SDH2 发送给 SDH3。SDH3 收到此光信号后再进行光电转换，经其 PD2D 板自环又转换为光信号由 SDH3 通过 SDH2 发送给 SDH1。SDH1 再经过 PD2D 板将还原的电信号发送给误码仪的接收端（R）。此时，比较发送和接收的二进制编码就可以确定其误码率了。

当在学生桌面测试端进行误码测试时，DDF 架上 2M 线连接示意图如图 26-6 所示。图 26-6 是以学生终端编号 1 号为例，根据连接示意图找到对应的 2M 口，比如本实验中应该在 SDH3（或者 SDH2）的第一个 2M 进行自环，然后把 SDH1 的第一个 2M 跳接到学生桌面的测试 1 端，用误码仪的 2M 信号进行误码测试，业务正常情况下，5 min 内误码应为 0。

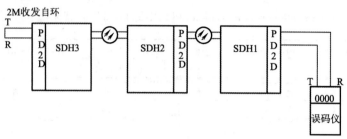

图 26-5　误码测试连接示意图

DDF架	CCA08	1R 1T	2R 2T	3R 3T	4R 4T	5R 5T	6R 6T	7R 7T	8R 8T
	SDH1	1R 1T	2R 2T	3R 3T	4R 4T	5R 5T	6R 6T	7R 7T	8R 8T
	SDH2	1R 1T	2R 2T	3R 3T	4R 4T	5R 5T	6R 6T	7R 7T	8R 8T
	SDH3	1R 1T	2R 2T	3R 3T	4R 4T	5R 5T	6R 6T	7R 7T	8R 8T
	测试	测试1	测试2	测试3	测试4	测试5	测试6	测试7	测试8

图 26-6　DDF 架上 2M 线连接示意图

六、思考题

（1）当断开 SDH2 和 SDH3 之间的光纤，原来的 2M 业务是否受影响？为什么？

（2）如果环形网络要在 SDH1 和 SDH3，SDH2 和 SDH3 两两设备间实现 2M 业务的光传输，请问如何修改其 SDH 设备脚本命令行？

七、实验报告

请按照实验报告的格式要求（见附录 A）撰写实验报告。

实验 二十七

SDH 环形组网（复用段环）配置实验

一、实验目的

（1）熟悉环形组网（复用段环）的 2M 业务传输。

（2）掌握在复用段环组网方式时 SDH 设备的脚本编写。

二、实验设备

（1）Optix Metro1000 三套。

（2）Ebridge 服务器一台。

（3）交换机一台。

（4）ODF 架一组。

（5）DDF 架一组。

（6）单模光纤数根。

（7）2M 线数根。

（8）操作维护计算机终端若干台。

（9）2M 误码仪一台。

三、实验内容

（1）通过 ODF 架将三台 Optix Metro1000 连接成环形结构。

（2）根据实验业务的要求编写三台 Optix Metro1000 脚本命令行，并在 Ebridge 平台上运行。

（3）利用 2M 误码仪在 DDF 架上测试业务的连通性。

四、实验原理

1. 二纤单向复用段保护环

二纤单向复用段保护环由两根光纤组成两个环，其中一路为主用光纤 S1，有时称为工作环；一路为备用光纤 P1，有时称为保护环。环上的每一个结点在支路信号分插功能前的线路上都有一个保护切换开关。正常情况下，信号仅在工作环（S1）中传输，保护环（P1）是空闲的。

若环网中网元 A 与网元 C 互通业务，如图 27-1（a）所示。在网络正常时，网元 A 和网元 C 都选在工作环 S1 上发送业务。其中从网元 A 到网元 C 的业务路由为在 S1 上经过网元 B 穿通，将业务由网元 A 发送给网元 C，从网元 C 到网元 A 的业务路由为在 S1 上经过网元 D 穿通，将业务由网元 C 发送给网元 A，都是顺时针传输。此时保护环 P1 不工作。

在环网网元 B–C 间光纤被切断时，网元 B 和网元 C 执行环回功能。此时，从网元 A 到网元 C 的业务路由为在 S1 上从网元 A 到网元 B，再环回到保护环 P1 上由网元 B 到网元 A 再到网元 D，最后到达网元 C。从网元 C 到网元 A 的业务路由仍为在 S1 上经过网元 D 穿通，将业务由网元 C 发送给网元 A，其工作不受光纤切断的影响。通过以上方式完成了环网在故障时业务的自愈，如图 27–1（b）所示。

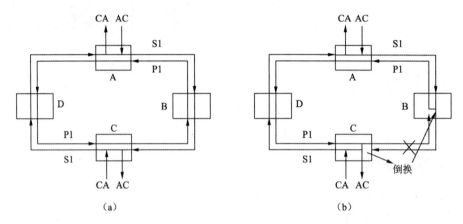

（a）   （b）

图 27–1 二纤单向复用段保护环

2. 环形组网（复用段环）所涉及的 Optix Metro1000 脚本命令行

复用段定义配置命令如下：

```
:cfg-add-rmspg:1, 2funi;            //增加复用段环保护组，组号为 1，二纤单向环。
:cfg-set-rmsbdmap:1,w1,1,1,1;       //增加复用段环保护单元端口映射关系，组号 1 的西向光
                                    //口为 1 槽 1 光口前一个 VC4。
:cfg-set-rmsbdmap:1,e1,2,1,1;       //增加复用段环保护单元端口映射关系，组号 1 的东向光
                                    //口为 2 槽 1 光口前一个 VC4。
:cfg-set-rmsattrib:1,0,1,2,600;     //定义复用段环保护组属性，操作这条命令的网元在复用
                                    //段保护组 1 中的结点号为 0，西向结点号为 1，东向结
                                    //点号为 2，业务恢复等待时间为 600s。
```

五、实验过程与步骤

1. 连成环形结构

三台 Optix Metro1000 设备通过 ODF 架连接成环形结构（见图 26-2）。通过本实验了解 2M 业务在环形组网（通道环）方式时候的配置，要求在 SDH1 的 PD2D 支路板第一、二个支路和 SDH2 的 PD2D 支路板第一、二个支路之间有 2M 业务连通，断开 SDH1 与 SDH2 间光纤不会影响正在使用的业务。SDH 设备间光纤实际连接（见图 26-3）。

其中 SDH 设备间光纤的连接是通过 ODF 架来实现的（见图 26-4）。将 ODF 架上的 SDH1-1T 和 SDH2-2R 对连，SDH1-1R 和 SDH2-2T 对连，SDH2-1T 和 SDH3-2R 对连，SDH2-1R 和 SDH3-2T 对连，SDH1-2T 和 SDH3-1R 对连，SDH1-2R 和 SDH3-1T 对连，就能构成环形传输的光网络。

2. 编写 SDH 设备脚本命令行

按照业务的要求准备好配置数据脚本（需要自己编写脚本命令行）。将 SDH1 配置的脚本命

令行编辑成一个文本文件，如"复用段环 SDH1.txt"；将 SDH2 配置的脚本命令行编辑成一个文本文件，如"复用段环 SDH2.txt"；再将 SDH3 配置的脚本命令行编辑成一个文本文件：如"复用段环 SDH3.txt"。

数据准备完成后通过 Ebridge 平台登录到 SDH1、SDH2、SDH3，分别导入各自的脚本文件对 SDH 进行配置。（注意：教师先启动 Ebridge 服务器的验证模式。）

3. 环型网络 2M 业务的数据验证

以上配置完成后就可以验证 2M 业务是否可以在三台 SDH 设备间实现有效传输。

1）将程控设备连接进传输网络进行验证

此种验证方式主要是通过将调试好的程控设备接入传输网络进行验证，程控交换机必须配置好出局数据，并且直接在 DDF 架上环回相应的 2M 业务。这时，通过将程控交换机的一个 2M 系统连接至传输的一个网元，此处比如连接至 SDH1 的 PD2D 板的第一个 2M，然后将程控交换机的另一个 2M 系统连接至 SDH2 的 PD2D 板的第一个 2M。若此时验证程控的出局业务正常则证明传输业务配置正确。

2）误码测试

误码测试通过三台 SDH 设备构成自环回路来实现，连接示意图如图 27-2 所示。误码仪发送端（T）发出的二进制 HDB3 码送入 SDH1 的 PD2D 板，经过电光转换由 SDH1 通过 SDH3 发送给 SDH2。SDH2 收到此光信号后再进行光电转换，经其 PD2D 板自环又转换为光信号由 SDH2 通过 SDH3 发送给 SDH1。SDH1 再经过 PD2D 板将还原的电信号发送给误码仪的接收端（R）。此时比较发送和接收的二进制编码就可以确定其误码率了。

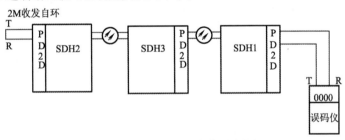

图 27-2　误码测试连接示意图

当在学生桌面测试端进行误码测试时，DDF 架上 2M 线连接示意图如图 27-3 所示。图 27-3 以学生终端编号 1 号为例，根据连接示意图找到对应的 2M 口，比如本实验中应该在 SDH2 的第一个 2M 进行自环，然后把 SDH1 的第一个 2M 跳接到学生桌面的测试 1 端用误码仪的 2M 信号进行误码测试，业务正常情况下，5 min 内误码应为 0。

	CCA08	1R 1T	2R 2T	3R 3T	4R 4T	5R 5T	6R 6T	7R 7T	8R 8T
DDF架	SDH1	1R 1T	2R 2T	3R 3T	4R 4T	5R 5T	6R 6T	7R 7T	8R 8T
	SDH2	1R 1T	2R 2T	3R 3T	4R 4T	5R 5T	6R 6T	7R 7T	8R 8T
	SDH3	1R 1T	2R 2T	3R 3T	4R 4T	5R 5T	6R 6T	7R 7T	8R 8T
	测试	测试1	测试2	测试3	测试4	测试5	测试6	测试7	测试8

图 27-3　DDF 架上 2M 线连接示意图

六、思考题

（1）当断开 SDH1 和 SDH2 之间的光纤，原来的 2M 业务是否受影响？为什么？

（2）如果环形网络要在 SDH1 和 SDH3 两设备间实现 2M 业务的光传输，请问如何修改其 SDH 设备脚本命令行？

七、实验报告

请按照实验报告的格式要求（见附录 A）撰写实验报告。

××大学

××学院

实 验 报 告

课程名称：_____

实验名称：_____

班　　级：_____

姓　　名：_____

学　　号：_____

同 组 人：_____

实验日期：_____

实验地点：_____

实验成绩：_____

指导教师：_____

1. 实验内容（如果是小组协同完成的实验，请指出本人承担的实验任务）

2. 实验环境（软件、硬件及条件）

3. 实验过程

4. 实验总结

5. 回答思考题

××大学

本 科 课 程 教 案

20＿＿ － 20＿＿ 学年(第＿学期)

课程名称：＿＿＿＿＿＿

课程性质： □通识必修课 　□大类基础课 　□专业核心课

□专业拓展课 　□通识限选课 　□通识任选课

授课班级：＿＿＿＿＿＿

学 生 数：＿＿＿＿＿＿

授课教师：＿＿＿＿＿＿

学分/学时：＿＿＿＿＿＿

系（教研室）负责人（签名）：＿＿＿＿＿＿

主管教学院长（签名）：＿＿＿＿＿＿

审 核 通 过 日 期：＿＿＿年＿＿月＿＿日

课程简介	
教材名称、 出版社、出版时间、 版次 （含中英文教材）	
教学目标与 教学质量标准 （知晓、识记、理解、 掌握、应用、熟练应 用、综合应用，创新 思考与应用等）	
参考书目 及文献（或 网络教学资源）	
考试考核方式 （含期中考试、 测验、作业）	
其他内容	（可根据课程教学实际情况增加其他需要说明的内容）

实验 题目		实验 进度	第__周 总第__节 __分钟
实验 目标			
实验 内容			
教学方法分析			
	教学方式：□讲授　□探究　□问答　□讨论　□动手实验　□其他		
教学手段分析			
	教学手段：□板书　□多媒体　□音像　□其他		

教学步骤设计

步骤时间	主要任务	教师活动	学生活动	目的意图
第一步 ___min				

第二步 ___min				
第三步 ___min				
第四步 ___min				

内容讲解

实验思考题内容

效果分析与改进措施

参 考 文 献

[1] 郭雅. 计算机网络实验指导书[M]. 北京：电子工业出版社，2014.

[2] 谢希仁. 计算机网络[M]. 7 版. 北京：电子工业出版社，2016.

[3] 华为技术有限公司. HCNA 网络技术学习指南[M]. 北京：人民邮电出版社，2015.

[4] 华为技术有限公司. HCNA 网络技术实验指南[M]. 北京：人民邮电出版社，2014.

[5] 沈建华,陈健,李履信. 光纤通信系统[M]. 3 版. 北京：机械工业出版社，2014.

[6] 华为技术有限公司. SDH 基本原理 ISSUE1.3 技术文档.

[7] 华为技术有限公司. OptiX 155622H 硬件 ISSUE1.2 技术文档.

[8] 华为技术有限公司. OptiX OSN 2000 命令行介绍技术文档.

[9] 深圳市讯方技术股份有限公司. e-Bridge 现代通信实验平台指导书（光传输部分）技术文档.